세상을 바꾼 수학 개념들

매스프레소

세상을 바꾼 수학 개념들

매스프레소

배티(배상면) 지음

애플씨드
APPLE SEED

"삼각함수, 미분 같은 것은 왜 배우나요?"

피/타/고/라/스

기원전 500년경에 활동한 이 사람이 수학자인지는 분명하지 않지만, 그가 리더였던 피타고리안Pythagorean 학파가 수학의 발전에 크게 기여한 것은 분명하다. 또한 알려진 수학자 중 피타고라스보다 40살쯤 많았던 탈레스를 제외하면 모두 피타고라스 이후의 사람들이니, 수학자들의 활동을 기준으로 본다면 본격적인 수학의 역사를 2500년 정도로 볼 수 있을 것이다.

Amazing!!

2500년 전이면 우리나라는 청동기를 사용하던 고조선시대인데, 그당시 원과 삼각형을 작도하고 증명을 했다는 사실이 놀랍다. 그런데, 더 놀라운 사실은 빅히스토리 관점에서 인류의 역사를 오스트랄로피테쿠스Australopithecus가 등장했던 400만 년 전으로 잡거나 현생 인류인 호모 사피엔스Homo sapiens가 등장했던 20만 년 전으로 잡더라도 2500년은 너무나도 짧은 시간에 불과하다는 점이다.

이 짧은 시간에 인류는 삼각비를 만들어 측정 없이 지구의 둘레를 알게 되었고 대항해시대를 열었으며, 로그와 미적분을 만들어 아폴로 우주선을 달에 안착시켰다. 나뭇가지로 숫자를 표현하던 인류는 위치

기수법을 만들고, 이는 이진법을 사용하는 디지털로 진화하여 블랙
핑크의 멋진 공연 영상을 영구 보존할 수 있게 되었다. 또한 계산기를
만들던 수학자들은 "기계가 생각할 수 있는가?"라는 질문을 통해 컴
퓨터와 인공지능을 탄생시켰다.

✺　　✺　　✺

학창 시절 내내 수학의 '수'도 모르던 학생이 일주일 공부해서 수학
을 만점 받았다면 믿을 수 있겠는가? 수학은 2500년의 짧은 시간 동
안 인류에게 무슨 짓을 한 것일까?

이는 『유클리드 원론』으로 촉발된 수학의 연역법 혁명이 지식 체계
의 시스템을 바꾸어놓았기 때문이다. 수학자들은 연역법을 사용하여
소위 '○○이론', '○○정리'라는 알고리즘을 만들어 산업과 문명을
단기간에 폭발시켰다. 문명의 흐름을 바꾼 명장면에는 수학의 굵직한
개념들이 있었으며, 수학이 없었다면 현대의 산업과 문명은 커녕 아
직도 고대 사회에 머물러 있을 것이다.

이 책의 목표는 간단하다. 짧은 시간에 수학의 개념들은 왜 태어났
고, 누가 만들었으며, 무엇을 남겼는가를 일깨우는 것! 많은 이들이
이 책을 통해 익사이팅한 수학의 세계로 들어오길 바란다.

2024년 2월 29일

배티

CONTENTS

Chapter I
현대 문명을 이끌어낸 수학의 힘

Chapter II
수학의 물줄기를 바꾼 위대한 사건

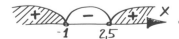

Chapter III
불확실성에 도전하는 수학의 패기

Chapter IV
눈을 즐겁게 하는 새로운 형태의 발견

이 책의 효율적인 독서를 위한 꿀 팁!

(1) 수식과 도형의 압박에 굴하지 말기!

교양 수학서에서 낯선 수식과 도형은 흐름을 위한 삽화 정도로 이해해도
좋다. 눈도장만 찍고 넘어가도 좋고 눈길이 멈추었을 때, 잠시 생각을 멈추
고 그 의미를 생각해보면 더더욱 좋다. 과감하게 도전해보자!

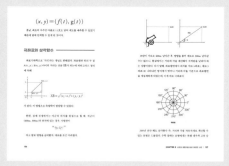

(2) 부록을 먼저 읽어보기

본 책의 부록 편에는 독자들의 이해를 돕기 위해 다음을 수록했다.

　① **수학사 뉴스** - 수학사의 위대한 사건을 시대순으로 요약했다.
　② **수학의 분류** - 수학의 여러 분야를 다이어그램으로 나타냈다.

이 두 가지 부록을 가볍게 읽어보고 본격적인 독서를 시작하면 재미있을
것이다. 특히, 교양 수학서가 처음인 분들이라면 필수!

현대 문명을 이끈
수학의 힘

우주선은
어떻게 사진을 보냈을까
—
기수법과 디지털

수^{number}라는 개념은 어쩌다 생겼을까? BC 4만여 년경으로 추정되는 스와질랜드의 〈레봄보 뼈〉와 BC 2만 년 전으로 추정되는 콩고의 〈이상고 뼈〉를 보면, 무언가를 센 흔적이 분명히 남아있다. 그렇다면 당시에도 지금처럼 수를 가지고 연산을 했을까? 그럴 가능성은 낮아 보인다.

무언가를 센다^{count}는 행위는 어떤 대상과 일대일대응^{1-1correspondence}시키는 것이었다. 레봄보 뼈와 이상고 뼈에 낙서를 하신 조상님의 모습을 상상해보자.

동굴 속에서 맹수를 피해 여러 명이 무리를 지어 생활했는데, 낮에 다들 나갔다가 저녁에 모였다. 그런데, 누군가가 들어오지 않은 것 같다. 추장님이 "번호!"라고 외치고 1번부터 자신의 번호를 외치다 보면 누가 안 들어왔는지 알 텐데 말이다. 하지만 이건 어디까지나 오늘날의 '자연수' 개념을 알 때의 이야기다. 이때 무리 속의 똑똑한 청년이 제안한다. 돌멩이를 사람 수만큼 주워다가 놓자는 것이다. 추장님이 사람들을 한명씩 체크하면서 돌멩이를 내려놓는다. 돌멩이가 하나 남는다. 아뿔싸 진짜 누가 안 들어왔네ㅜㅜㅜ 아마도 사자에게 잡아 먹혔을 것이다.

이 방식은 오늘날의 반장 선거와 비슷하다.

영희가 이겼다. 철수와 영희가 각각 몇 표를 받았는지 굳이 세지 않더라도 작대기 그림을 대응시켜보면 영희가 한 표 남는다. 이게 바로 대응이다.

추정컨대, 1만 년 전 농경이 시작되고, 정착 생활로 집단과 소유라는 개념이 생기면서 인간은 사회적 동물로 진화했고 무리 중 어느 똑똑한 천재에 의해 수는 자연스럽게 만들어졌을 것이다.

기수법과 심볼 ━━━━━━━━

초기의 자연수는 심볼^symbol(기호)과의 대응이었다. 내가 옛날 사람이어도 나뭇가지를 나열하여 수를 만들어나갔을 것 같다.(물론 수에 익숙해진 어느 현대인의 피셜이다.)

1	2	3	4	5	⋯
Ⅰ	Ⅱ	Ⅲ	ⅢⅠ	ⅢⅢ	⋯

이 방식을 단항기수법 또는 1진법이라고 한다. 하지만 계속 이렇게 표현할 수는 없었다. 50정도만 되어도 나뭇가지를 그리다가 때려치우게 될 것이다.

하지만 이 문제는 심볼의 종류를 늘리니 해결되었다. 나뭇가지와 돌멩이, 사과라는 세 가지의 심볼로 수를 표현하면 소위 삼진법이 만들어진다. 참고로 10자리 이하의 삼진법으로 표현된 자연수의 개수는 각 자리를 세 가지 심볼로 채울 수 있으므로

$$3+3^2+3^3+3^4+\cdots+3^{10}=88572$$

충분히 많은 수를 표현할 수 있는데, 심볼의 개수가 늘어날수록 사용할 수 있는 수는 폭발적으로 많아진다. 이와 같이 심볼을 사용해 자리를 채워나가는 수의 표현을 위치기수법이라 하며, 사용하는 심볼의 개수가 N개^N은 자연수일 때 N진법이라고 한다. 문명의 발상지였던 메소포타미아의 바빌론에서는 60진법을 사용했다는 기록이 당시 그들이 남긴 점토판 〈플림턴 322〉에 남아있으며, 오늘날 우리는

0, 1, 2, 3, 4, 5, 6, 7, 8, 9

10개의 심볼을 사용하는 10진법 체계를 가진 아라비아 숫자를 사용하고 있다. 아라비아 숫자는 인도에서 발명되었는데 인도 숫자로 불리지 않는다. 이는 상업이 발달했던 아라비아 지역에서 상인들에게 자릿수 계산이 편리한 10진법이 인기템으로 각광받으며 급속도로 퍼져나갔기 때문이다. 개발자보다 유저의 손을 들어준 격이다.

메소포타미아의 점토판 '플림턴 322'

오늘날 대한민국의 주민등록번호와 우편번호도 일종의 위치기수법이다. 주민등록번호의 앞부분 6자리는 생년월일, 뒷부분 7자리는 성별+지역코드+검증번호로 설계되었다. 단, 2020년 10월 이후 출생자부터는 개인 정보 보호의 차원으로 성별 뒤의 6자리에는 임의의 번호를 부여하기로 했다. 우편번호도 이와 비슷하다.

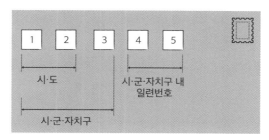

우편번호의 각 자릿수의 의미

디지털과 비트

1837년 미국의 화가이자 전기기술자였던 새뮤얼 모스는 〈모스 부호〉를 만들었다. 이는 위치기수법 중 두 개의 심볼을 사용하는 이진법의 발상이었는데, 전기신호를 Dot(•)와 Dash(—)로 조합하여 알파벳을 만든 것이었다. 이에 힘입어 1876년에는 그레이엄 벨이 음성신호를 전기신호로 변환시키는 전화를 발명하여 통신 혁명을 일으켰다. 또한 20세기 초, 상대성이론과 양자역학으로 상징되는 현대 과학은 폭발적인 성과를 쏟아내기 시작했으니, 이제 인류의 큰 고민은 쏟아지는 지식을 어떻게 전달하고 담을 것인지에 대한 것이었다.

정보(information)

원래 정보information라는 말은 지식knowledge과 사실상 같은 말이었지만, 클로드 섀넌1916~2001 미국이라는 불세출의 천재가 등장하면서 정보라는 말은 지식의 전달과 저장이라는 의미를 갖게 되었다. MIT 출신의 수학자이자 전기공학자였던 섀넌은 '모스 부호'의 아이디어에 주목했다. 전기신호의 on/off를 1과 0에 대응시키는 것이다. 데이

터를 1과 0의 조합으로 나타낼 수만
있다면 손쉬운 전달과 저장이 가능해
지는 것이다. 이차 세계대전 직후였
던 1948년, 섀넌은 역대급 수학 논문
『통신의 수학 이론A Mathematical Theory
of Communication』을 발표하여 '정보이
론'이라는 새로운 학문을 개척했다.
섀넌에 의해 '디지털' '비트'라는 말이
자리를 잡게 된 것이다.

정보이론의 창시자 클로드 섀넌

디지털digital의 어원인 digit는 손가락을 뜻하는데, 손가락으로 한 자
리씩 센다는 의미에서 나왔다. 비트bit라는 단어는 섀넌이 논문에서
사용한 신조어로, 비트는 이진법의 자릿수를 의미하며 하나의 비트
에는 1 또는 0을 채울 수 있다. 8개의 비트가 모이면, 1바이트가 된다.
따라서 1바이트에는 $2^8 = 256$가지의 의미를 표현할 수 있으며, 영문
알파벳 한 글자는 1바이트, 한글 한 글자는 2바이트로 나타낸다.

8개의 비트 블록으로 표현한 1바이트

최초의 우주선 아폴로 11호가 달 사진을 보내준 방법은 사진을 우
편배달부가 지구로 가져다준 게 아니라 사진을 작은 픽셀로 나눈 후,

각 픽셀의 컬러를 8비트 즉, 1바이트의 이진법 데이터로 변환하여 전송해준 것이었다. 각 픽셀에는 $2^8 = 256$개의 컬러를 지정할 수 있다.

예를 들어

| 0 | 0 | 0 | 0 | 0 | 0 | 0 | 0 | 이면 퓨어 블랙

| 1 | 1 | 1 | 1 | 1 | 1 | 1 | 1 | 이면 퓨어 화이트가

전송되는 것이다. 오늘날 포토샵에서 쓰는 비트맵 이미지도 같은 방식이다.

섀넌에 의하면 '정보이론'이란 확률론을 이용해 정보를 가장 효율적으로 전송하는 방법을 찾는 이론이다. '엔트로피'라는 말은 열역학에서 '무질서도'를 의미한다. 섀넌은 정보에 '엔트로피' 개념을 도입하는데, 이는 정보의 '무질서도'라기보다는 정보의 '불확실성'을 의미한다. 다정한 물리학자로 통하는 김상욱 선생님은 정보에 대해 이렇게 비유한다.

> p : 내일 해가 뜰 확률 q : 내일 가수 아이유가 은퇴할 확률

p는 거의 1에 가까운 확률이고, q는 거의 0에 가까운 확률이다. 이때 정보량은 확률의 역수로 정의된다. 즉, 내일 해가 뜨는 것의 정보량은 $\frac{1}{p}$이므로 1에 가깝고, 아이유가 은퇴하는 것의 정보량은 $\frac{1}{q}$이므로 무한대에 가까워지는 것이다. 신문의 헤드카피로 "내일 해가 뜬다." 보다는 "내일 아이유가 은퇴한다."가 훨씬 파급력 있는 정보일 것

이다.

ANYWAY

섀넌에 의하면 변수 X가 $x_1, x_2, x_3, \cdots, x_n$일 때, X의 '엔트로피'는

$$-\sum_{i=1}^{n} P(x_i)\log_2 P(x_i)\,(\text{P는 확률})$$

라고 정의되는데, 이를 〈정보 엔트로피〉 또는 〈섀넌 엔트로피〉라고
하며 정보를 전달하는 최소 비트 수를 의미한다. 섀넌이 확률론을 이
용해 정보를 수치화해버린 것이었다.

비트와 디지털의 개념이 생기기 전까지 컴퓨터는 사실상 기계식 계
산기 단계에 머물러 있었다. 하지만 섀넌이 20세기 과학자 드림팀이
라 할 수 있는 '프린스턴 고등연구소'에 합류하여 아인슈타인, 폰 노
이만, 쿠르트 괴델, 앨런 튜링 등과 교류하면서 정보 처리에 생명력을
불어넣자 현대식 컴퓨터가 탄생할 수 있게 되었다.

비트는 오늘날 누구나 들어보거나 알고 있는 단어다. 당시엔 이렇
게까지 될 줄 몰랐겠지만 섀넌은 오늘날 비트의 아버지로 칭송받으
며 20세기 최고의 천재 중 한 명으로 평가받는다. 그의 논문『통신의
수학 이론』은 구글 학술 검색량 4위를 자랑하는 정보통신의 기념비
적 성과로 평가받는다.

위대한 과학자의 쌍두마차 뉴턴과 아인슈타인! 약 400년 전(1642년)에 태어난 뉴턴은 옛날 사람, 약 150년 전(1879년)에 태어난 아인슈타인은 왠지 현대인으로 느껴진다. 이는 뉴턴의 모습은 초상화로만 남아있지만, 아인슈타인의 모습은 빛바랜 사진과 동영상으로라도 볼 수 있기 때문이기도 하다. 그런 차원에서 보면 1977년 요절한 로큰롤의 황제 엘비스 프레슬리의 화려한 댄스, 같은 해 은퇴한 축구황제 펠레의 화려한 플레이를 빛바랜 영상으로 보는 건 매우 아쉬운 일이다. 그들의 전성기에는 디지털이 보편화되어 있지 않았었다. 하지만 100년 후 아니 1000년 후에는 아리아나 그란데와 리오넬 메시의 생생한 동작을 지금처럼 볼 수 있을 예정이다. 모든 자료가 디지털로 저장되기 때문이다. 다음 세대는 소위 '옛날 사람'이라는 개념을 세 가지 단계로 인식할 지도 모르겠다.

초상화 | 빛바랜 사진 | 생생한 동영상

60진법에서 10진법으로 갈아탔다가 마침내 2진법에 익숙해진 인류! 디지털 혁명은 오히려 심볼의 개수를 최소화했기에 가능한 일이었다.

02
무한의 세계에도
등급제가 있다
—
집합과 무한

수학 교과서의 단원들

방정식, 로그, 미분, 삼각함수, 벡터, 집합, 수열, 확률 …

이 중 가장 최근에 생긴 과목은 100년 전에 그 체계가 완성된 집합이다. 다시 말해 오늘날의 교과서는 100년 전에 완성된 고전 수학의 체계를 배우는 것이다. 그래서 교육 정책 중 가장 공감이 안 되는 것이 4~5년 주기로 바뀌는 교과서인데, 새 교육과정은 트렌디한 최신 수학이 추가되는 게 아니라 고전의 단원 재배치에 불과하다.

ANYWAY

집합이 〈집합론〉이라는 이름으로 체계화되면서, 수학에서 다루는 대상들의 관계가 명확해졌다. 중등 수학에서 함수는 '화살 쏘는 것'

또는 '선택하는 것'이지만, 고등 수학에서 함수는 두 집합 정의역(선택하는 자)과 공역(선택당하는 자)의 대응 관계다. 또한 집합론 덕에 신의 영역이었던 '무한'에 인간이 발을 내디딜 수 있게 되었다.

무한에 대한 도전

높은 빌딩과 고가도로가 생기고, 비행기와 우주선이 날아다니고, 개개인이 컴퓨터를 지니고 다니는 세상은 누군가의 위대한 상상으로부터 시작되어 현실이 되었다. 이처럼 기술자와 공학자들의 상상은 현실 세계를 바꾼다. 하지만 수학자들의 상상은 아예 차원을 바꾸어버린다. 특히 무한에 대한 상상은 다른 업종의 추종을 불허한다.

『원론』의 저자 유클리드는 귀류법을 사용해 소수prime number*가 무한함을 증명했다. 귀류법이란 결론의 반대를 가정하여 모순이 발생하면

"거봐! 내 말이 맞잖아!"

이런 방식의 논법이다. 증명은 다음과 같다.

---

*양의 약수가 1과 자신밖에 없는 소인수분해해도 쪼개지지 않는 자연수
예) 2, 3, 5, 7, 11, 13, 17 ….

유클리드는 끝까지 가보지 않고도 소수가 무한함을 알 수 있었다.

갈릴레이는 모든 자연수의 집합과 제곱수의 집합 사이에 일대일대응이 성립한다고 말한다.

자연수	1	2	3	4	5	⋯
제곱수	1^2	2^2	3^2	4^2	5^2	⋯

제곱수는 자연수의 일부분인데, 자연수와 일대일대응이라는 게 놀랍다. 가우스의 제자였던 데데킨트는 이를 '무한집합이란 자신과 부분이 같은 것'이라고 표현했다.

현대 수학의 선장 힐베르트1862~1943 독일는 만리장성을 넘어서는 미친 건축물 〈힐베르트 호텔〉을 설계했다.

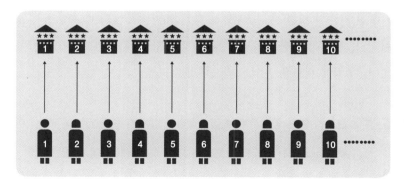

힐베르트 무한호텔

1호실, 2호실, 3호실, 4호실, 5호실, … 자연수 번호가 적힌 무한개의 방이 있는 호텔에 1번, 2번, 3번, 4번, 5번, … 자연수 번호를 가진 무한명의 손님이 자신과 같은 번호의 방에 투숙하고 있었다.

무한개의 방이 만석인 이 상황에서 다음 세 문제를 풀어보자. (단, 손님은 한 방에 한 명씩만 들어간다.)

문제 ❶ 새로운 손님이 한 명 더 오면 손님을 받을 수 있는가?

정답은 "YES!"

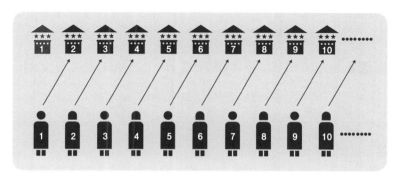

우선 기존의 모든 손님을 한 칸 오른쪽 방, 즉, (+1)번 호실로 이동시킨다. 객실이 무한개이므로 방이 모자라지 않고, 1호실이 공실이 되어, 이 방에 새로운 손님을 받으면 된다.

문제 ② 근처에 있던 힐베르트 호텔 2호점이 갑자기 문을 닫았다. 본점(이 호텔)으로 만석이었던 2호점의 모든 투숙객을 받을 수 있는가?

이번에도 정답은 "YES!"

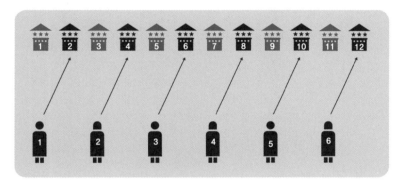

우선, 기존 손님을 (×2)번 호실로 이동시킨다. 1번 손님은 2호실, 2번 손님은 4호실, 3번 손님은 6호실로 … 이동시키면 1호실, 3호실, 5호실, 7호실, … 모든 홀수 번 호실이 공실이 되어, 2호점의 모든 손님을 받을 수 있다.

문제 ③ 힐베르트 호텔이 무한 체인점을 가지고 있는데, 본점(이 호텔)으로 만석이었던 무한 체인점의 모든 투숙객을 받을 수 있는가?

정답은 또 "YES!"

기존 손님은 $2^1, 2^2, 2^3, 2^4 \cdots$ 호실로 이동시키고

첫 번째 체인점의 손님은 $3^1, 3^2, 3^3, 3^4 \cdots$ 호실에

두 번째 체인점의 손님은 $5^1, 5^2, 5^3, 5^4 \cdots$ 호실에

세 번째 체인점의 손님은 $7^1, 7^2, 7^3, 7^4 \cdots$ 호실에

…… …… ……

다시 말해, 체인점 별로 각 소수의 거듭제곱 호실에 손님을 배치하면 유클리드가 말한대로 소수는 무한개이므로 무한 체인점의 모든 투숙객을 한 호텔(본점)에 받을 수 있다.

문제 ❶ 문제 ❷ 문제 ❸ 세 문제를 정리하면

힐베르트 호텔의 객실 수를 A라 할 때,

$$A+I=A \qquad A+A=A \qquad A\times A=A$$

신들이 살고 있는 무한의 세계에서는 이런 황당한 계산법이 통할 수도 있다. 힐베르트는 무한집합의 특성을 잘 알고 있었다. 무한집합이란 일부 원소를 버리거나 첨가해도 같아질 수 있는 것이다.

무한대(∞)의 직관적 이해

무한대란 '한없이 커지는 상태'를 의미한다. 영어에 이런 단어는 없지만, 학생들에게 '커지고 있는'이란 뜻으로 'bigging'이라고 하면 잘 이해한다. 무한대(∞) 기호는 무한 벨트 뫼비우스의 띠를 형상화한 것이다. 무한대는 수^{number}가 아니므로, 다음과 같은 성질을 가지기도 한다.

❶ $-\infty <$ 임의의 수 $< \infty$ 　　❷ $\infty \pm 1 \Rightarrow \infty$

❸ $\infty \times 2 \Rightarrow \infty$ 　　　　　❹ $\dfrac{\infty}{2} \Rightarrow \infty$

알레프 수 ━━━━━━━━━━━━━

수학자들은 무한에 수학이라는 잣대를 도입한다. 무한집합의 원소의 개수를 '카디널리티cardinality'라고 하는데, 보통 '집합의 농도' 또는 '집합의 크기'라고 부른다. 원소의 개수가 있다고 치고, 대충 농도, 크기라는 말로 퉁치자는 황당한 생각이다.

집합론의 창시자 칸토어

특히, 집합론의 창시자 칸토어1845~1918독일는 무한집합은 그 크기에 따라 등급이 있다고 생각했다. 우선 자연수의 집합(N)*, 정수의 집합(Z)**, 유리수의 집합(Q)***은 그 크기가 같음을 밝힌다. 칸토어는 '세는 것은 일대일대응'이라는 원시적 발상에 착안했다. 만약 자연수로 정수와 유리수를 셀 수 있다면, 그 크기는 모두 같은 것이었다.

잠깐!

힐베르트 호텔의 **문제 ❷** 를 생각해보자. 본점에는 모든 자연수 번호를 가진 사람들이 있었다. 2호점에서 유입될 손님들의 번호에는 (-)부호를 붙여준다.

-1번, -2번, -3번, -4번, ……

──────────────

*자연수의 집합 N : Natural numbers (영어로 '자연의 수')
**정수의 집합 Z : Zhlen (독일어로 '수를 세다')
***유리수의 집합 Q : Quotient (영어로 '몫')

기존 손님, 자연수는 짝수번 호실로 이동시키고 비어 있는 홀수번 호실에 2호점 손님, 음의 정수를 채울 수 있다. 아직 0이 방을 못 잡았는데 문제 ❶ 과 같이 모든 손님을 오른쪽 방으로 한 칸씩 이동시키면 끝난다. 자연수와 정수 사이에 일대일대응이 성립하게 되어 자연수의 집합(N)과 정수의 집합(Z)이 크기가 같아진 것이다.

이번엔 유리수의 집합(Q)의 크기를 생각해보자.

두 자연수 a, b에 대하여 유리수 $\frac{b}{a}$는 제1사분면의 격자점 (a, b)에 대응시킬 수 있다. 단, $(2, 1), (4, 2), (6, 3), \cdots$ 은 모두 $\frac{1}{2}$을 나타내는 점이므로 [그림❷]와 같이 대응되는 유리수가 겹치는 점은 원점에 가장 가까운 하나만 남긴다. 이제 화살표 방향으로 선을 그어나가면, 자연수와 양의 유리수 사이에 일대일대응이 성립함을 알 수 있다.

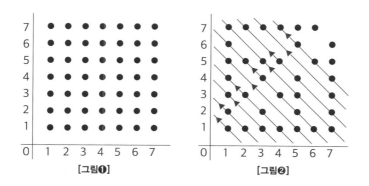

[그림❶] [그림❷]

음의 유리수는 이 점들을 모두 y축에 대칭이동시켜, 제2사분면의 점 $(-a, b)$에 대응시키면 된다. 문제 ❷ 의 힐베르트 호텔 2호점 논리대로 $(-a, b)$를 합류시키고 0이라는 유리수 하나를 추가하면 놀랍게도 자연수와 유리수 사이에 일대일대응이 성립한다.

칸토어의 결론은 다음과 같다.

> 자연수, 짝수, 홀수, 정수, 유리수의 집합은 크기가 모두 같다.

칸토어는 무한집합의 등급을 나타내기 위해 다음을 도입한다.

$$\aleph \ (\text{알레프})$$

이는 신을 상징하는 히브리어의 첫 문자였다.

대각선 논법과 연속체 가설 ━━━━━━━

칸토어는 무한집합의 등급을 이렇게 매겨나갔다.

우선 자연수와 정수, 유리수 집합의 크기는 $\aleph_0$(알레프 제로)로, 실수 집합의 크기는 등급을 한 단계 높여 $\aleph_1$(알레프 원)으로 나타내면 $\aleph_0 < \aleph_1$이 된다.

무한집합은 셀 수 있는 무한(가산^{countable} 무한)과 셀 수 없는 무한(비가산^{uncountable} 무한)으로 나눌 수 있는데, $\aleph_0$는 자연수 1, 2, 3, 4, … 를 대응시켜가며 셀 수 있는 가산 무한이지만 $\aleph_1$(실수 집합의 크기)은 비가산 무한이라는 것이다.

1879년, 칸토어는 〈대각선 논법$^{diagonal\ argument}$〉이라는 다소 황당

한(?) 방법으로 다음을 설명한다.

> 자연수의 집합 N과 집합 A={x|x는 0<x<1인 실수}
> 사이에는 일대일대응이 존재하지 않는다.
> 집합 A는 비가산 무한집합이다.

대각선 논법

0<x<1인 실수는 0.XXXXXXXXXXXXXXXXXXXXXXXX⋯
무한소수의 형식으로 표현할 수 있다. 단, 0.4와 같이 유한소수인
경우에는 0.4=0.40000000⋯으로 나타내기로 하자.

0<x<1인 모든 실수를 셀 수 있다고 가정하면 a_1, a_2, a_3, a_4, ⋯으
로 각각에 번호를 부여할 수 있다. 이를 무한소수 형태로 나열해보자.
(소숫점 이하의 X는 0, 1, 2, 3, ⋯ 9 중 어느 하나를 뜻한다.)

a_1 = 0.XXXXXXXXXXXXXXXXXXXXXXXXX⋯
a_2 = 0.XXXXXXXXXXXXXXXXXXXXXXXXX⋯
a_3 = 0.XXXXXXXXXXXXXXXXXXXXXXXXX⋯
a_4 = 0.XXXXXXXXXXXXXXXXXXXXXXXXX⋯
a_5 = 0.XXXXXXXXXXXXXXXXXXXXXXXXX⋯
a_6 = 0.XXXXXXXXXXXXXXXXXXXXXXXXX⋯
a_7 = 0.XXXXXXXXXXXXXXXXXXXXXXXXX⋯
a_8 = 0.XXXXXXXXXXXXXXXXXXXXXXXXX⋯
a_9 = 0.XXXXXXXXXXXXXXXXXXXXXXXXX⋯
⋯ ⋯ ⋯ ⋯ ⋯

이 모든 소수를 다음과 같이 변형한다.

a_1은 (소숫점 아래) 첫 번째 수를 다른 수 ★로 교체

a_2는 두 번째 수를 다른 수 ★로 교체

a_3는 세 번째 수를 다른 수 ★로 교체

$\cdots \cdots \cdots \cdots \cdots$

$a_1 = 0.\bigstar\text{XXXXXXXXXXXXXXXXXXXXXXXX}\cdots$

$a_2 = 0.\text{X}\bigstar\text{XXXXXXXXXXXXXXXXXXXXXXX}\cdots$

$a_3 = 0.\text{XX}\bigstar\text{XXXXXXXXXXXXXXXXXXXXXX}\cdots$

$a_4 = 0.\text{XXX}\bigstar\text{XXXXXXXXXXXXXXXXXXXXX}\cdots$

$a_5 = 0.\text{XXXX}\bigstar\text{XXXXXXXXXXXXXXXXXXXX}\cdots$

$a_6 = 0.\text{XXXXX}\bigstar\text{XXXXXXXXXXXXXXXXXXX}\cdots$

$a_7 = 0.\text{XXXXXX}\bigstar\text{XXXXXXXXXXXXXXXXXX}\cdots$

$a_8 = 0.\text{XXXXXXX}\bigstar\text{XXXXXXXXXXXXXXXXX}\cdots$

$a_9 = 0.\text{XXXXXXXX}\bigstar\text{XXXXXXXXXXXXXXXX}\cdots$

$\cdots \cdots \cdots \cdots \cdots$

이때, 대각선 방향으로 ★을 긁어서 b라는 소수를 만들면

$b = 0.\bigstar\bigstar\bigstar\bigstar\bigstar\bigstar\bigstar\bigstar\bigstar\bigstar\bigstar\bigstar\bigstar\bigstar\bigstar\bigstar\bigstar\bigstar\cdots$

놀랍게도 b는 $a_1, a_2, a_3, \cdots$ 중 어떤 소수와도 같지 않다.

$0 < x < 1$인 셀 수 있는 모든 소수 $a_1, a_2, a_3, a_4, \cdots$가 아닌 셀 수 없는 (?) 소수가 탄생한 것이니 $0 < x < 1$인 실수의 집합은 비가산 집합이었다.

한편 정의역이 $0 < x < 1$인 실수의 집합이고, y축과 직선 $x = 1$을 점근선으로 가지는 증가함수 $y = f(x)$를 그려보면

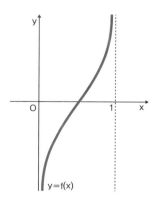

$0 < x < 1$인 실수의 집합은 실수 전체의 집합과 일대일대응으로 그 크기가 같음을 알 수 있다.

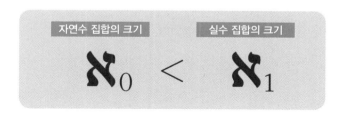

가 증명된 것이다.

또한 '칸토어의 먼지'는 선분을 삼등분하여 가운데를 버리는 시행을 무한 반복하는 것인데, 이는 $\aleph_1 = 2^{\aleph_0}$ 임을 의미하며

$$\aleph_2 = 2^{\aleph_1}, \ \aleph_3 = 2^{\aleph_2}, \ \aleph_4 = 2^{\aleph_3} \cdots$$

다시 말해 $\aleph_0 < \aleph_1 < \aleph_2 < \aleph_3 \cdots$

무한집합의 무한등급이 존재할 수 있음을 의미한다.

칸토어는 내친김에 $\aleph_0$와 $\aleph_1$ 사이에 다른 무한집합의 크기는 없다는 〈연속체 가설〉을 발표한다. 칸토어가 집합과 무한의 개념을 뿌리째 뒤흔들면서 수학계는 대혼란에 빠진다.

당시, 또 다른 거장이었던, 푸앵카레는

"집합론은 수학이 걸린 감염병이다."

라고 비난했고, 칸토어의 스승 크로네커는

"신은 오직 자연수만을 만들었다."

라며 칸토어를 인정하지 않았으며 제자의 교수 임용을 막아버린다.

한편, 무한호텔의 창시자 힐베르트는

"그 누구도 칸토어가 만든 낙원에서 우리를 쫓아내지 못할 것이다"

라고 칸토어를 적극 지지했으며, 1900년 '제2회 세계수학자대회'에서 20세기가 풀어야 할 23개의 문제 중 1번에 연속체 가설을 배치한다. 현대 수학의 첫 번째 숙제라는 뜻이었다.

칸토어는 말년까지 연속체 가설의 증명을 시도했으나 끝내 성공하지 못하고 1918년 정신병원에서 사망한다. 오늘날 칸토어의 집합과 무한에 관한 이론은 대체적으로 받아들여지고 있으며 연속체 가설은 쿠르트 괴델과 폴 코언에 의해 참, 거짓을 판정할 수 없음이 밝혀진다.

※　　※　　※

칸토어는 칸토어스러운 역대급 수학 명언을 남겼다.

"수학의 본질은 그 자유로움에 있다."

현대인들은 칸토어가 만들어준 집합론이라는 낙원에서 자유로운 수학의 본질을 맘껏 누리고 있다. 또한 현대인들은 혈연, 지연, 같은 학교, 같은 회사, 같은 취미, 같은 종교, 같은 정치적 성향 등으로 형성된 다양한 집합체의 원소로 살아간다. 나와 집합을 많이 공유하는 사람일수록 페이스북 친구로 추천될 가능성이 높다. 페이스북이 내 인간관계조차 집합적으로 꿰고 있다는 뜻이다.

현대 수학은 집합론이라는 주춧돌 위에 토대를 쌓았다. 집합론이 없었다면 수학은 물론 대부분의 자연과학은 소위 '모래 위에 지은 집'에 불과했을 것이다.

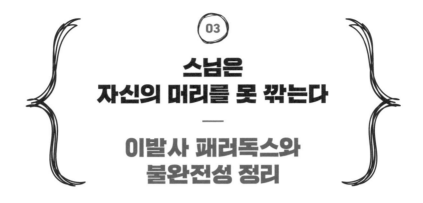

03

스님은
자신의 머리를 못 깎는다

—

이발사 패러독스와
불완전성 정리

"국어, 영어는 잘하는데, 수학은 못합니다." 100년 전에는 전혀 이상하지 않은 말이었다. 하지만 20세기 이후 〈집합론〉과 〈기호논리학〉이 발전하면서 이는 이상한 말이 되었다. 수학이 하나의 논리 언어로 발전했기 때문이다. 집합론은 칸토어가 이끌었다면 기호논리학을 이끈 사람은 '수학 쫌 하는 논리학자와 언어학자들'이었다.

불대수와 기호논리학 ━━━━━━

논리학은 고대 그리스의 철학자들로부터 발전해 나갔다. 아고라 광장의 토론 배틀은 철학과 논리학의 경연장이었다. 논리학의 대부격인

아리스토텔레스의 『오르가논^{organon}』은 범주론, 명제론, 분석론, 변증론, 궤변론으로 구성되어 있다. 시험에 등장했던 아리스토텔레스의 삼단논법은 다음과 같다.

> 모든 사람은 죽는다.
>
> 소크라테스도 사람이다.
>
> 따라서 소크라테스도 죽는다.

이는 소크라테스(p), 사람(q), 죽는다(r)에 대하여

「$p \Rightarrow q$ 이고 $q \Rightarrow r$ 이므로 $p \Rightarrow r$ 이다」가 된다.

같은 논리 구조를 가진 문장을 만들어보면

> 밤이 되면, 배가 고프다.
>
> 배가 고프면 라면을 먹는다.
>
> 따라서 밤이 되면 라면을 먹는다.

이런 논리가 된다.

※ ※ ※

30년 전쟁^{1618~1648}이 끝날 때쯤 태어난 라이프니츠는 유럽 대륙의 각국이 치열하게 싸우는 이유를 각기 다른 언어에 있다고 보고, 수학적 기호로 만들어진 만국 공용어를 만들기 위한 시도를 했다. 기호논리학이 만들어진 위대한 순간이었다. 참고로 미분 기호만 봐도 뉴턴은 $\dot{y}$로 점 하나 찍어서 나타냈지만, 기호에 진심이었던 라이프니츠는 $\dfrac{dy}{dx}$로 나타냈다. $\dfrac{dy}{dx}$는 무엇을 무엇으로 미분한다는 주객이 확실한 점과 연산이 가능하다는 점에서 뉴턴의 기호보다 우수했다. 예를 들어

$\dfrac{dy}{dt} \times \dfrac{dt}{dx} = \dfrac{dy}{dx}$ 가 된다. 오늘날 라이프니츠의 미분 표현이 더 보편적으로 사용되는 이유는 기호의 힘이다.

19세기 중반, 초등학교 교사 출신의 조지 불1815~1864영국은 언어는 조건(또는 단어)의 논리적 조합에 불과하다는 것을 알고, 이를 기호화시키고 연산을 만드는데, 이게 바로 〈불 대수〉다.

두 조건 p, q가 다음과 같다.
    p : 짜장면을 먹는다 q : 짬뽕을 먹는다.
두 조건을 문장으로 조합하면 다음과 같은 문장이 나온다.
    $p \wedge q$: 짜장면과 짬뽕을 모두 먹는다. ($\wedge$는 and)
    $p \vee q$: 짜장면 또는 짬뽕을 먹는다. ($\vee$는 or)
    $\sim p \wedge q$: 짜장면은 먹지 않고, 짬뽕만 먹는다. ($\sim$는 not)
    $\sim p \vee \sim q$: 짜장면 또는 짬뽕을 먹지 않는다.
    $p \rightarrow q$: 짜장면을 먹으면, 짬뽕을 먹는다. ($\rightarrow$은 조건문으로 if then)

네 가지 논리 연결사
    $\wedge$(and), $\vee$(or), $\sim$(not), $\rightarrow$(if then)
의 조합으로 웬만한 문장이 만들어진다는 게 놀랍다.

수학자였던 드 모르간과 존 벤이 만든 '드 모르간의 법칙'과 '벤 다이어그램'은 불 대수의 유용한 도구였다.
불 대수는 오늘날 프로그래밍 언어의 기반이다. 이후 기호논리학은 프레게, 버트런드 러셀, 화이트헤드, 폴 코언에 의해 체계적으로 발전해나간다.

20세기 초, 현대 수학은 집합론과 기호논리학으로 탄탄한 기반을 갖게 되었으며, 그 기반 위에 다양한 수학의 빌딩을 올릴 수 있으리라는 기대에 부풀어 있었다.

불 대수의 창시자 조지 불

$$(A \cap B)^C = A^C \cup B^C$$
$$(A \cup B)^C = A^C \cap B^C$$

드 모르간의 법칙

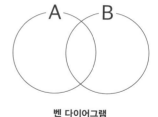

벤 다이어그램

파리 세계수학자대회

20세기를 여는 1900년, 파리에서 '제2회 세계수학자대회'가 열렸다. 이 대회에서 현대 수학의 선장으로 불리는 다비드 힐베르트는 20세기가 풀어야 할 23개의 문제를 제시했는데, 이후 100여 년 간 수학 연구의 이정표가 된다. 참고로 1번 문제는 칸토어의 '연속체 가설',

현대 수학의 선장 다비드 힐베르트

8번 문제는 아직도 해결되지 않은 '리만 가설'과 '골드바흐의 추측'이었다.

이 대회는 2022년까지 총 29차례 열린 세계수학자대회 중 아직까지 회자되는 가장 유명한 대회다. 힐베르트의 23개의 문제가 상징하는 시대정신의 의미가 크기 때문이다.

20세기 초, 수학계와 과학계는 큰 희망에 부풀어 있었다. 〈미적분〉은 해석학으로 진화하여 엄밀해졌으며, 〈비유클리드 기하학〉과 〈위상수학〉은 기하학의 차원을 바꾸었고, 〈집합론〉과 〈기호논리학〉으로 수학뿐만 아니라 모든 학문이 그 체계를 세울 준비를 하고 있었다. 또한 과학계에서는 빛과 전기, 자기를 통합한 〈맥스웰 방정식〉과 〈상대성 이론〉에 〈양자역학〉까지 등장했으니!

인류는 모든 문제를 해결할 수 있을 것만 같았다!

힐베르트는 23개의 문제를 단지 '20세기의 숙제'로만 낸 것이 아니라 이 어려운 문제들을 다 풀 수 있다는 희망찬 메시지를 던진 것이었다. 파리 대회의 기조연설에서 힐베르트는 "모든 문제는 답이 있거나 답이 없음을 증명할 수 있다."라고 외치며 우레와 같은 박수를 받았다. 청중들도 시대정신에 공감한 것이었다.

이후 힐베르트는 '힐베르트 공간론', '공리주의 수학기초론'을 세우고, 형식주의에 입각한 수학 제국을 건설해 나갔다. 그는 가우스를 필두로 세계 최고 대학의 명성을 이어오던 괴팅겐 대학에서도 리더였다. 많은 수학자와 과학자들이 힐베르트의 리더십과 형식주의 학풍을 믿고 괴팅겐으로 향했다. 그는 행동하는 지성이기도 했다. 위대한 여성 수학자 에미 뇌터가 여성이라는 이유로 강단에 서지 못하자 "대학은 대중목욕탕이 아니다."라고 일침을 날렸으며, 히틀러가 유대인 과학자를 핍박하자 공개적으로 탄원서를 내기도 했다.

하지만 승승장구하던 힐베르트에게 어두운 그림자가 드리운다. 버트런드 러셀, 쿠르트 괴델에 의해 풀 수 없는 문제가 있음이 밝혀졌고, 히틀러 덕에 많은 지식인들이 미국으로 떠나게 되면서 괴팅겐과 함께 힐베르트의 명성도 서서히 사라졌다.

힐베르트는 이차대전이 한참이던 1943년 81세를 일기로 사망했다. 그의 묘비문에는

"우리는 알아야만 한다. 우리는 알게 될 것이다."

라고 쓰여있다. 자신이 쾨니히스베르크에서 했던 연설문의 헤드 카피였다.

힐베르트의 묘비

괴팅겐 대학교

독일 작센주 괴팅겐 소재

1734년 개교한 이후, 가우스를 천문대장으로 영입하면서 수학, 과학의 메카로 군림한다.

수학계의 가우스, 리만, 뫼비우스, 클라인, 힐베르트, … 과학계의 막스 플랑크, 오토 한, 막스 보른, 하이젠베르크, 오펜하이머, … 뿐만 아니라 사회학자 막스 베버, 은행가 JP 모건, 철학자 쇼펜하우어도 괴팅겐 출신이다.

20세기 중반 히틀러가 유대계 학자들을 탄압하자 괴팅겐의 많은 학자들이 미국으로 떠나게 되면서 몰락하기 시작했다. 오늘날 괴팅겐 대학의 명성을 아는 한국인은 많지 않다. 심지어 대학 순위도 서울대보다 낮은 편이다.

이발사 패러독스 ———————

힐베르트가 23개의 문제를 발표한 이듬해, 스물아홉 살의 철학자 버트런드 러셀1872~1970 영국이 돌멩이 하나를 툭 던진다. 바로 〈이발사 패러독스〉다.

버트런드 러셀

이발사 패러독스

세비아의 어느 마을에 이발사가 있다. 이발사는 입구에 이렇게 붙여놓았다.

> 셀프 면도를 하는 사람은 면도를 안 해주고
> 셀프 면도를 안하는 사람은 면도를 해줍니다.

헐 그렇다면, 이발사의 면도는 누가 해주는가!
셀프 면도를 하면, 면도를 안 해줘야 하니 모순이고
셀프 면도를 안 하면, 면도를 해줘야 하니 모순이다.

'중이 제 머리 못 깎는다'는 속담이 떠오르는 '이발사의 패러독스'의 오리지널 버전은 집합을 소재로 한 〈러셀의 패러독스〉다.

Russell's paradox

집합 $S=\{X \mid X \notin X\}$라고 놓으면
S는 자신을 원소로 갖지 않는 모든 집합 X의 집합이다.

그런데

S도 하나의 집합이므로 $S \in S$ 또는 $S \notin S$인데.

$S \in S$이면 $S \notin S$이므로 모순!
$S \notin S$이면 $S \in S$이므로 모순!

S는 이 집합의 원소여도, 원소가 아니어도 모순이니 진퇴양난!

러셀에 의해 '모든 것들의 집합'은 불가능해진 것이다. 러셀의 패러독스는 칸토어가 만들어준 집합론이라는 낙원에 지진을 일으켰으며, 수학자들은 "집합이 뭐지?"부터 다시 생각하게 되었다.

※　　※　　※

오늘날 칸토어가 만든 집합론을 '나이브naive 집합론'* 이라고 하는데, 고등학교에서 배우는 집합이라고 생각하면 된다. 나이브 집합론에서 집합의 정의는 특정 조건을 만족하는 대상의 모임이다.

그런데

부자가 아닌 사람이 부자가 되려면 부자의 정의를 바꾸면 된다. '마음 부자', '자식 부자' 뭐 이런 식이다. 수학자 체르멜로와 프랭켈은 러셀의 패러독스의 모순을 해결하기 위해 집합을 새롭게 정의했다.

<ZFC 공리계>의 탄생!

자신들의 이름과 '선택 공리Axiom of Choice'를 합쳐 이름을 짓고 새로운 집합론을 만들었다. 'ZFC 공리계'**에서는 모든 것들의 집합은 집합에서 제외시켰다. 세상을 다 가질 수는 없다는 의미였다. 덕분에 러셀의 패러독스라는 급한 불은 껐지만, ZFC 공리계가 가지는 새로운 문제점이 생겨났고, 그동안 집합론으로 정의했던 수학의 많은 부분들을 재정립해야 하는 후폭풍이 밀어닥쳤다.

---

*순수한, 소박한
**ZFC ＝ Zermelo+Frankel+Choice

러셀이 던진 '패러독스'라는 돌멩이 하나가 수학계 전체에 토네이도를 일으킨 것이다. 수학은 완전하다고 믿었던 형식주의자 힐베르트의 꿈은 러셀의 패러독스에 의해 그로기 상태가 되었다. 하지만 힐베르트는 공리 체계를 잘 보완하면 수학의 모든 문제를 해결할 수 있다는 희망의 끈을 놓지 않고 있었다.

불완전성 정리

히틀러가 유대계 학자들을 탄압하면서 석학들의 유럽 탈출 러시가 이어졌다. 미국 뉴저지의 프린스턴 연구소는 이 기회를 놓치지 않았다. 아인슈타인, 폰 노이만 같은 월클 과학자들에게 몇 배의 연봉을 제안하며 최고의 연구 환경을 제공한 것이다.

프린스턴에서 절친으로 유명했던 아인슈타인과 괴델

앨런 튜링이 달리기를 하고 폰 노이만이 맥주를 마시는 풍경! 수학, 과학 덕후에게 타임머신을 타고 딱 한 번만 과거로 가게 해준다면 이때의 프린스턴을 선택하는 사람이 많을 것이다. 프린스턴에서 흔히 볼 수 있는 풍경의 백미는 아인슈타인과 괴델이 교정을 거니는 장면 이었다.

아인슈타인의 외향적이고 유쾌한 성격과 달리 수리논리학자*였던 쿠르트 괴델1906~1978 미국은 침울하고 비관적인 성격이었으며 둘은 27살이라는 나이차를 넘어 절친이 되었다. 괴델 입장에서는 범접하기도 어려운 슈퍼스타 삼촌이 친구가 되었다는 사실이 믿기지 않았을 것이며 아인슈타인 입장에서는 젊은 논리학자의 비범한 세계관에 매료되었을 것이다.

이에 보답하듯 괴델은 1931년 〈불완전성 정리〉를 발표한다. 어떤 공리 체계라도 무모순성을 유지하는 한 증명할 수 없는 이론이 존재한다는 것이다. 물리학에서 '상대성 이론'만큼 수리논리학에서 '불완전성 정리'는 역대급 사건이었다. 역사상 최고의 천재로 손꼽히는 폰 노이만은 이를 '인간 이성의 한계를 보여준 사건'이라고 극찬했다.

불완전성 정리가 발표되면서 수학은 더 이상 완전한 것이 아님이 밝혀졌다. 이는 '만물은 유리수'라고 외쳤던 피타고리안Pythagorean**

---

*수리논리학 : 수학을 기반으로 하는 논리학으로 집합론과 기호논리학을 포함하는 수학기초론의 영역
**피타고리안 : '세상 만물은 유리수'라는 믿음을 가졌던 수학자 피타고라스BC582?~BC497?그리스를 리더로 하는 종교학파

괴델의 논문 「불완전성 정리」

이 무리수의 발견으로 몰락한 것과 마찬가지로, 모든 문제를 해결할 수 있다는 형식주의의 몰락을 의미했다. 힐베르트의 묘비문은 희망 사항으로 끝나게 된 것이다.

한편, 괴델은 말년에 극도의 피해망상증에 시달린다. 누군가 자신을 독살한다고 생각해 부인이 주는 음식 외엔 아무 것도 먹지 않았으며, 끝내 굶어 죽게 된다. 1978년 향년 72세였다.

불완전성 정리는 학문의 모든 분야를 원점으로 돌려보낸다. '인식론epistemology'이 대두되며 인류는 지식의 기원과 한계를 다시 생각하게 되었으며, '불확실성'은 현대 수학과 과학의 가장 중요한 연구 주제가 된다. 인공지능의 아버지 앨런 튜링은 불완전성 정리를 발전시켜 '튜링 머신'을 고안했는데, 이는 현대 컴퓨터 과학의 초석이 된다.

04

기계가
생각할 수 있을까

—

컴퓨터와 인공지능

계산기의 탄생 ━━━━━━━

'○○○의 아버지' 이런 별명을 가진 사람은 많다. 하지만 이공계로 한정해서 ○○○을 가장 많이 보유한 사람은 단연 블레즈 파스칼 1623~1662 프랑스이다.

계산기 | 기압 | 확률 | 버스

그런 파스칼의 아버지는 프랑스 노르망디의 세무장관이었다. 당시 노르망디의 세무 행정은 한마디로 DOG판이어서 파스칼이 아무리 도와도 세무 업무는 쌓여만 갔다. 파스칼은 아버지의 일을 돕고자 1645년 최초의 기계식 계산기 '파스칼린Pascal line'을 만들었다. 파스

칼린은 고작(?) 덧셈(+)과 뺄셈(−)만 가능했지만 덕분에

계산기=파스칼

이라는 등식을 세상에 알리게 된다. 미적분의 공동 발명자 라이프니츠는 1694년 파스칼린을 업그레이드하여 곱셈(×)과 나눗셈(÷)까지 가능한 계산기를 개발했다. 라이프니츠는 레오나르도 다 빈치에 버금가는 다재다능한 수학자, 과학자이자 철학자였다.

컴퓨터의 역사에서 반드시 언급되는 이름은 찰스 배비지[1792~1871 영국]다. 배비지는 케임브리지 대학의 루카스 수학 석좌교수였다. 이는 뉴턴과 폴 디랙, 스티븐 호킹을 포함한 18명이 거쳐간 명예로운 자리다.

배비지는 1822년 '차분기관differential engine'과 1833년 '해석기관analytical engine'을 고안했다. 해석기관은 프로그래밍이 가능한 현대식 컴퓨터와 같은 개념이었다. 배비지는 루카스 교수직마저 사임하고 해석기관 제작에 몰입했으나 자금 부족으로 끝내 완성하지 못했다. 배비지가 사망한 지 120년이 지난 1991년, 해석기관은 그의 설계대로 완성되었으며, 31자리 수의 계산이 가능한 훌륭한 제품이었다. 그래서 찰스 배비지를 현대식 컴퓨터의 아버지로 보기도 한다.

시인 바이런의 딸 에이다 러브레이스[1815~1852 영국]도 컴퓨터의 역사에서 중요한 인물이다. 낭만파 시인 바이런은 당대 핵인싸였고 가정적이지 않은 자유로운 영혼이었다. 에이다의 어머니는 그런 바이런에게 치를 떨었고, 에이다의 생후 1개월 만에 바이런과 헤어졌다. 이후 어머니는 에이다에게 시와 문학을 멀리하게 하고, 가정교사를 붙

여 수학, 과학 공부에 몰입시킨다. 가정교사 중에는 드 모르간, 메리 썸머빌 같은 역대급 수학자들도 있었다. 에이다가 18세가 되던 해, 썸머빌의 소개로 운명처럼 찰스 배비지를 만나게 되고, 에이다는 평생 배비지와 사제 관계로 지내며 공동 연구를 하게 된다. 그녀가 저술한 『배비지의 해석기관 분석』은 해석기관을 넘어 프로그래밍에 관한 기초이론과 미래 컴퓨터에 관한 비전을 제시했다. 에이다는 최초의 프로그래머로 불린다.

튜링과 노이만

1931년 괴델이 〈불완전성 정리〉를 발표하자, 영국 케임브리지 대학의 수학과 학생이었던 앨런 튜링1912~1954영국은 '나도 이 정도는 해보겠는데'라고 생각하며 자신만의 연구를 해나간다. 튜링의 이름이 세상에 알려진 건 1936년 가상의 기계 〈튜링 머신〉을 발표하면서부터였다. '튜링 머신'이란 긴 테이프의 칸칸에 적힌 기호를 연산하는 기계인데, 튜링은 이 기계로 풀 수 없는 문제가 있다는 새로운 버전의 '불완전성 정리'를 만들었다.

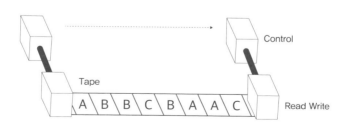

이를 계기로 튜링은 대서양을 건너 세계 최고의 대학, 미국의 프린스턴에 진출하게 된다.

튜링은 세계적인 논리학자 알론조 처치와 함께 계산 가능한 모든 문제는 튜링 머신이 풀 수 있다는 〈처치-튜링 명제Church-Truing thesis〉를 발표하였으며 세기의 천재, 폰 노이만1903~1957 헝가리과 머릿속에 그려왔던 컴퓨터에 관한 아이디어를 수시로 교환한다. 1938년 프린스턴 입성 2년 만에 튜링은 수학 박사 학위를 취득했으며, 노이만이 프린스턴에 남아달라고 했으나 튜링은 영국으로 유턴한다. 때는 이차 세계대전 중, 튜링은 난공불락의 독일군 암호 '에니그마Enigma'*를 해독하라는 고국의 특명을 부여받은 것이었다. 이후 튜링은 '봄베Bombe'라는 암호해독기를 도입하여 각고의 노력 끝에 '에니그마'를 풀어낸다.

※　　※　　※

이차 세계대전은 폭격기와 핵무기가 등장했던 역사상 가장 파괴적인 전쟁이었지만 한편으로 컴퓨터 과학이 비약적으로 발전하게 된다. 영국에서는 1943년 튜링의 봄베를 기반으로 하는 최초의 컴퓨터 '콜로서스Colossus'와 1950년 국립 물리연구소에서 '에이스ACE'가 탄생했고, 미국에서는 1946년 모클리와 에커트가 만든 '에니악ENIAC'**과

---

*독일어로 〈수수께끼〉라는 뜻
**ENIAC : Electronic Numerical Integrator And Calculator

1952년 폰 노이만이 설계한 '에드박EDVAC'*이 탄생했다. 에드박은

CPU(중앙처리장치)+메모리+프로그램

오늘날 컴퓨터와 같은 구조를 가지고 있어 에드박을 '노이만 아키텍쳐Neumann architecture'라고도 부른다. 현대식 컴퓨터는 노이만으로부터 시작된 셈이다.

노이만은 천재들이 우글대는 프린스턴에서 외계인이라는 별명을 가진 어나더 레벨의 초천재였다. 그는 미국의 핵개발 계획 '맨해튼 프로젝트'의 핵심 멤버로 고폭발성 렌즈를 개발했고, 경제학의 〈게임이론Game theory〉을 창시했다. 또한 노이만은 1948년 생물처럼 스스로 작동하는 기계 〈오토마타Automata〉를 고안했는데, 이는 컴퓨터 프로그램이 자신을 복제하여 증식할 수 있다는 컴퓨터 바이러스의 출현을 예고한 것이었다.

컴퓨터 과학의 두 거장 앨런 튜링(좌), 폰 노이만(우)

---

*EDVAC : Electronic Discrete Variable Automatic Computer

한편 튜링은 맨체스터 대학으로 옮겨 생물의 형태와 인공지능 연구에 집중했다. 그 결과 1950년 철학 저널 『마인드^{Mind}』에 "기계가 생각할 수 있는가?"라는 주제의 역대급 논문을 발표하고, '이미테이션 게임'이라는 이름의 〈튜링 테스트^{Turing test}〉를 제안한다.

앨런 튜링의 일대기를 다룬 영화 〈이미테이션 게임〉
튜링 역은 베네딕트 컴버배치가 열연했다.

튜링 테스트란 기계가 인간처럼 지능을 가졌는지 판별하는 실험으로 컴퓨터와 대화를 하고, 그 반응이 인간과 일정 기준 차이가 없다면 컴퓨터는 인공지능이 있다고 보는 것이다.

실제로 2014년 유진 구스트만이 최초로 튜링 테스트를 통과한 인공지능이 되기도 했다.

유진 구스트만

오늘날 ACM(미국 컴퓨터 학회)에서는 컴퓨터 과학의 노벨상 '앨런 튜링상'을 제정하여 수여하고 있다. 노이만이 현대식 컴퓨터의 아버지라면, 튜링은 최초의 해커이자 인공지능의 아버지로 평가받는다.

알파고와 콴다

보드판에 기물을 놓고 하는 전통적인 오프라인 게임에는 바둑, 체스, 장기 등이 있다. 이 중 체스와 장기는 등장인물이 서로를 죽이는 실제 전쟁과 비슷하다. 반면 바둑은 비교적 평화로운 게임이다. 선거라는 게임이 머릿수를 비교하여 승패를 가리는 것처럼 바둑은 게임을 마치면 계가計家*를 하여 땅이 넓은 사람이 승리하는 게임이다. 기하학geometry은 geo땅+metry측정의 합성어다. 바둑은 한마디로 '땅따먹기 기하학'이다.

---

*계가 : 집을 계산하는 것

바둑은 여러 모로 수학과 닮은 점이 많다. 바둑판은

$$[가로\ 19줄] \times [세로\ 19줄] = [361개의\ 점]$$

으로 이루어진 좌표기하학이기도 하다. 국가대표 수학책 『수학의 정석』에서 정석定石*이란 '이럴 땐 이렇게 하라'는 문제 해결 매뉴얼이지만, 원래 정석이라는 말은 '돌을 정한다' 즉, '이럴 땐 바둑돌을 이렇게 두라'는 의미의 바둑 매뉴얼이다.

※　　※　　※

글로벌 기업 구글Google은 회사명을 10^{100}을 뜻하는 '구골'로 지으려 했으나 투자자가 수표에 회사명을 잘못 기입하여 얼떨결에 회사명이 구글이 된다. 어쨌든 창업 시절부터 지금까지 구글은 늘 수학에 진심이었다.

바둑을 영어로 'Go'라고 하는데, 2016년 구글은 자신이 인수한 회사 딥마인드에서 만든 바둑 인공지능 '알파고Alpha-Go'와 인간계 최강 이세돌(별명 쎈돌)의 빅매치를 성사시킨다. 19년 전(1997년), 체스챔피언 게리 카스파로프는 IBM의 슈퍼컴퓨터 '딥블루'에게 무릎을 꿇었지만 전문가들은 바둑은 경우의 수가 너무 많아 아직은 인공지능이 안 될 거라 예측하기도 했다.

하지만 대국 결과는 4승 1패! 알파고의 압승이었다. 그나마 1패는 알파고조차 당황했다는 이세돌의 묘수 덕분이었다. 알파고는 이세돌에게 게임 수당 2억 원을 지급하고 전 세계적인 홍보에 성공했다. 이

---

*정석定石: 정할 정, 돌 석

후, 알파고는 총전적 68승 1패! 괴물로 진화한 후 사실상 은퇴했다. 1패는 쎈돌에 맞은 흉터였다.

인공지능 알파고는 어떻게 이세돌을 이길 수 있었을까? 인공지능을 벤 다이어그램으로 나타내면 다음과 같다.

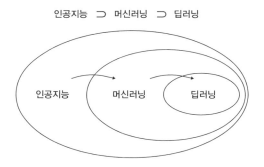

인공지능이 머신러닝machine learning으로, 머신러닝이 딥러닝deep learning으로 진화한 것이다.

초기 인공지능은 컴퓨터에 규칙을 주입하여 학습시키는 방식이었으며 1990년대에 등장한 머신러닝은 빅데이터를 경험적으로 분석해 기계적으로 학습하는 방식이었으나 스스로 새로운 문제를 푸는 능력은 부족했다. 2000년대 들어 등장한 딥러닝은 인간의 뇌를 모방한 인공신경망 알고리즘으로 스스로 데이터의 패턴을 발견하여 새로운 문제를 풀어낼 수 있게 되었다.

따라서 1990년대 머신러닝의 시대에서는 경우의 수가 유한한 체스에서나 인공지능이 승산이 있었다. 바둑의 경우의 수는 산술적으로 구골(10^{100})보다 많아 머신러닝으로는 이세돌 같은 창의적인 인간계 신을 이기는 것은 불가능에 가까웠다. 하지만 2000년대 딥러닝의 시대에 접어들어 인공지능은 낯선 문제를 만나도 당황하지 않고 최선의 문제 해결을 할 수 있게 되었다. 심지어 알파고는 기존 프로 바둑 기사들이 경험하지 못한 '정석을 파괴한 수'를 두기도 했다. 기계가 인간계 최상위 티어들을 가르치게 된 것이었다. 한국기원에서는 알파고에게 바둑의 신에 해당하는 '명예 9단' 직위를 수여하기도 했다.

여담이지만 학생의 수학 공부에 비유하자면 머신러닝 단계는 쎈수학* 같은 유형서를 달달 외운 후 실제 시험에서 경험을 통해 성과를 내는 것이다. 대한민국 학생들의 90% 이상은 머신러닝 방식으로 수학을 공부한다. 중학교 내신 시험은 머신러닝처럼 공부해도 어느 정도 버틸 수 있지만 고등학교 내신이나 수능으로 가면 낯선 문제를 해결하는 것이 관건이다. 낯선 문제는 수학적 사고에 입각한 선험적인 능력, 딥러닝이 가능해야 해결된다. 인간의 뇌에는 딥러닝이 탑재되어 있다. 누구나 노력하면 낯선 문제를 풀 수 있다는 뜻이다.

비슷한 시기, 대한민국에서는 인공지능 문제 풀이 앱이 활성화되고 있었다. 대표적으로 네이버가 인수했던 문제 풀이 앱 '바풀', 7000만 유저2023년 기준를 보유한 인공지능 앱 '콴다' 등이 있었다. 문풀 앱을 실제 사용해보면 웬만한 시중 문제 유형은 뚝딱 풀어준다.

필자는 과연 킬러문항이라고 불리는 수능 수학 30번을 인공지능이

---

*한국의 수험생들이 공부하는 대표적인 문제 유형서로 비슷한 책으로는 RPM, 마플시너지 등이 있다.

경험 없이 스스로 풀 능력이 있는지 궁금했다. 그래서 문풀 앱 대표에게 질문을 했는데 딥러닝으로 학습하면 충분히 가능하지만 대한민국에서 그런 시도는 어려울 것이라는 의견을 주었다. 한마디로 돈이 안될 것 같다는ㅠㅠ

하지만 2024년 초, 구글은 실제로 그런 시도에 성공한다. 알파고의 자매품 〈알파지오메트리Alpha-Geometry〉를 출시했는데, 국제 수학 올림피아드 30문항 중 25문항을 풀어버렸다. 이는 금메달 수상자의 실력! 한마디로 대단한 신생아다.

구글과 챗GPT

1998년 탄생한 구글은 20여 년간 인류의 지식을 관장해온 하나의 종교였다.

"구글님의 창에 기도하면, 어떤 질문에도 답을 주실 거야"

하지만, 화무십일홍花無十日紅*이라!

2022년 11월 30일! 구글을 넘어버릴 것 같은 새로운 지식의 지배자 '챗GPT'가 탄생했다.

---

*열흘 동안 붉은 꽃이 없다는 뜻으로 영원한 권력은 없음을 뜻함

이후 챗GPT는 빛의 속도로 성장하며 2023년 2월 초 탄생 2개월 만에 1억 명의 유저를 확보한다. 1억 명을 확보하는데 인스타그램이 30개월, 틱톡이 9개월 걸렸다는 사실과 비교하면, 놀라운 일이다.

백문불여일견*(百聞不如一見)이라!

챗GPT를 사용해보았다. 처음에는 구글링하듯 질문을 던져보았다. 관련성 있는 자료를 찾아주는 구글과는 달리 챗GPT는 본인의 생각을 정리해주는 것 같은 느낌이었고 이는 2차, 3차, 4차 질문으로 이어지게 되었다. 계속 질문하면서 필자는 무릎을 탁! 치게 되었다. (아하~!!) 질문을 반복하면서 내 질문이 진화하고 있다는 사실을 발견하게 된 것이다.

❋　　❋　　❋

여담이지만, 수학을 못 하는 학생들의 대체적인 질문은

---

*열 번 듣는 것보다 한 번 보는 것이 낫다는 뜻

"이 문제 몰라요. 풀어주세요"

무작정 답을 구해달라고 한다. 하지만 조건과 구하는 것을 찾고 용어를 되새기고, 등식이라도 세우고 그래프라도 그린 다음 다시 오라고 하면 질문을 다듬어서 2차 질문을 한다. 생각을 조금 도와주고 다시 돌려보내면, 3차, 4차 질문까지 가기도 하지만 웬만하면 5차 질문까지 못 간다. 이미 답이 나오기 때문이다.

또한 질문을 다듬으면 질문의 크기가 커진다. 위대한 질문은 역사를 바꾸기도 한다.

"물체를 계속 쪼개면 어떻게 되지?"라는 철학자들의 질문은 원자론과 양자역학을 탄생시켰고, "왜 사람만 서서 다니지?"라는 생물학자들의 질문은 진화론으로 이어졌으며 "사과는 떨어지는데, 달은 왜 안 떨어지지?"라는 뉴턴의 질문은 마침내 미적분과 만유인력의 법칙을 탄생시켰다.

같은 과학자끼리도 네임드^{named}의 크기가 다른 이유는 질문의 크기가 다르기 때문이다. 전지적 수학샘 관점에서 챗GPT가 구글보다 압도적으로 위대한 한 가지는 질문 패러다임의 전환! 질문의 크기를 키워주는 점이라고 생각한다. 비유하자면

구글창 앞에서 기도하는 사람은
    "이거 찾아주세요. 이거 풀어주세요."
라고 말하는 것이며, 챗GPT의 창에서는

"어떻게 기도를 하면 그 분 목소리가 들리나요?"

좋은 대답을 받기 위해 질문이 달라지는 것이다.

챗GPT는 이미 많은 부작용과 위험성을 노출했으며 AI가 우리의 미래를 어떻게 바꿀지 예측하기 어렵다. 하지만 한 가지 확실한 것이 있다. 답을 쫓는 인간은 AI에 지배당할 것이며 올바른 질문을 하는 인간은 AI를 지배하게 될 것이라는 점이다.

05

오픈해도
털리지 않는 암호

—

RSA와
양자컴퓨터

하루에 밥은 세 번 먹지만 인터넷을 세 번만 하는 사람은 별로 없을 것이다. 그만큼 인터넷은 이제 물이나 전기처럼 필수 아이템이 된 것이다. 하지만 누군가 여러분의 로그인 정보를 알고 카톡이나 사진첩을 훔쳐본다면?!

※ ※ ※

하지만 이를 걱정할 필요는 없다. 현대 정보화 사회는 암호로 강력한 보안을 유지하고 있다. 로그아웃만 잘하면 된다.

스키테일과 에니그마 ━━━━━━━━━

  기원전 400년 경, 고대 그리스의 군인들은 '스키테일scytale 암호'를 사용했다. 이는 막대에 종이를 감고 문장을 가로로 쓴 다음 종이를 펼치면 암호가 만들어지는 방식이다. 이때 막대의 지름에 따라 알파벳이 섞이는 주기가 달라지는데, 암호를 해독할 수 있는 키key는 막대의 지름이었다.

스키테일 암호

  고대 로마의 장군 율리우스 카이사르는 '시저 암호'를 사용했다. 시저는 카이사르의 영어 발음이다. 시저 암호는 암호화하려는 내용을 알파벳으로 3칸씩 평행이동하여 다른 글자로 바꾸는 방식이다. 예를 들어

CAESAR BABO ➡ FDHVDU EDER

  이런 방식이다. 평행이동하는 칸의 수를 키로 설정해 아군끼리 암호를 공유할 수 있겠지만, 영어라면 알파벳이 26글자이므로 25번만 시도해보면 암호는 쉽게 털릴 것이다.

※　　※　　※

'악보 암호'는 일차 대전 당시 독일의 스파이였던 마타 하리가 사용했다. 이는 음표와 알파벳을 대응시킨 형태로, 실제로 연주하면 괴상한 음이 난다. 미모가 출중했던 마타 하리는 연합군의 고위층과 스캔들을 남기며 고급 정보를 빼내기도 한다. 하지만 꼬리가 길면 밟히는 법! 영국의 정보기관이 암호를 해독하여 그녀가 스파이임이 밝혀지고 마침내 프랑스 정부에 체포되어 사형당한다.

1918년, 독일의 전기공학자 슈르비우스는 암호 생성기 '에니그마'를 만들었다. 에니그마는 강력한 회전자가 알파벳을 다른 알파벳으로 변환시키는 방식으로 이차 대전 당시, 에니그마 덕분에 독일이 초반 주도권을 쥘 수 있었다.

영국은 해상 강국이었지만 독일의 잠수정 U-BOAT가 에니그마의 지령을 받아 연합군의 전함과 식량 보급선을 박살내고 있었기 때문에 에니그마 해독을 못 하면 굶어 죽을 판이었다. 더군다나 독일군의 암호는 24시간마다 새롭게 세팅되었으니, 모든 암호를 하루 만에 풀어야만 했다.

하지만 영국은 '블레츨리 파크'라는 정보기관을 만들고 천재 수학자 앨런

독일의 암호 생성기 에니그마

튜링을 영입하여 마침내 에니그마를 풀어낸다. 이후 영국을 포함한 연합군은 정보 전쟁에서 독일에 앞서게 되었다. 이후 노르망디 상륙 작전 당시 파드칼레에 상륙한다는 페이크fake를 쳐서 전세를 뒤집을 수 있었으며 마침내 1945년 연합군의 승리로 이차 대전은 끝이 난다.

이차 대전의 진짜 영웅은 수학이었다!

RSA암호 ━━━━━━━━━━━━━━

데이터를 주고 받을 때 오랫동안 사용했던 암호 방식은 '비밀키 암호'다. 이는 암호를 주는 쪽과 받는 쪽 모두 같은 키를 사용하는 방식으로 '공통키 암호'라고도 한다. 하지만 키가 노출되는 순간! 암호가 털려버리는 치명적인 단점이 있었다.

1977년 리베스트Rivest, 샤미르Shamir, 에이들먼Adleman은 발상의 전환! 아예 키를 공개해버리기로 하는데~ 이게 바로

공개키 암호

이다. 그들은 자신들의 이니셜initial을 조합해 RSA라는 브랜드를 만들고 엄청 큰 소수들의 곱으로 'RSA 암호'의 공개키를 세팅한다. 그런데 암호키를 꽁꽁 숨겨도 모자랄 판에 어떻게 키를 공개할 수 있는 것일까?

엄청 큰 소수 곱은 소인수분해가 사실상 어렵다는 게 핵심이었다.

"풀 테면 풀어봐!"

문제를 공개하되, 풀 수 없게 만드는 것이다.

RSA 암호에는 특별한 수학의 원리가 숨어있다.

FLT

이는 350년간 많은 수학자들을 괴롭혔던 역대급 난제 'Fermat's Last Theorem' 페르마의 마지막 정리의 이니셜이지만 한편으로 'Fermat's Little Theorem' 페르마의 소정리를 의미하기도 한다. RSA 의 암호화 과정에 페르마의 소정리가 사용된다.

페르마의 소정리

정수 n과 소수 p에 대하여

$$n^p \equiv n \pmod{p}$$

해석하면 n^p과 n은 p로 나눈 나머지가 같다는 뜻이다. 여기에서 mod는 modular의 약자로 나머지가 같은 자연수끼리 같은 모듈(그룹)로 본다는 뜻이다. 시간은 12로 나눈 나머지가 같으면 같은 모듈이고, 요일은 7로 나눈 나머지가 같으면 같은 모듈이다.

예를 들어 $n=2$, $p=7$로 잡으면

$$2^7 \equiv 2 \ (\mathrm{mod}\ 7)$$

오늘부터 2^7 = 128일 후와 이틀(2일) 후는 7로 나눈 나머지가 같으므로 같은 요일이라는 뜻이다. 이러한 계산 방식을 '모듈러 연산' 또는 '시계 계산법'이라 한다.

이 모듈러 연산(시계 계산법)이 RSA 암호의 원리가 되었다니! 페르마는 자신의 연구가 정보화시대를 지탱하는 암호학까지 발전하리라고는 상상도 못했을 것이다.

쇼어 알고리즘 ━━━━━

1985년 닐 코블리츠와 빅터 밀러는 RSA의 대안으로

ECC (Elliptic Curve Cryptography)

라고 불리는 '타원곡선 암호'를 개발한다. 현대 수학의 거장 그로센딕이 폭발적으로 발전시킨 '대수기하학'이 다루는 타원곡선으로 암호가 만들어진 것이다. ECC는 RSA처럼 공개키 방식으로, RSA보다 짧은 키를 사용해도 안전성이 떨어지지 않는다는 장점이 있었다.

그런데 1994년 미국의 수학자 피터 쇼어가 '쇼어 알고리즘'을 개발하는 데 성공했다는 과학계의 빅뉴스가 발표된다. 뉴스의 핵심은 양자컴퓨터에서 쇼어 알고리즘을 이용하면 소인수분해를 빠르게 할 수 있고, 타원곡선 암호의 해독이 가능해진다는 것이었다.

양자컴퓨터라니!

이는 양자역학을 기반으로 설계된 컴퓨터로 1981년 MIT의 강연에서 천재 물리학자 리처드 파인만이 제안했다. 기존 컴퓨터는 비트 단위의 정보 처리를 하지만 양자컴퓨터는 큐비트* 단위의 어마어마한 정보 처리를 한다. 양자컴퓨터가 제대로 상용화되면 기존 슈퍼컴퓨터보다 100만 배 이상의 연산 속도를 낼 것으로 기대된다.

피터 쇼어(좌) 리처드 파인만(우)

또한 2023년 초, 중국의 암호전문가 집단은 다음과 같은 논문을 발표한다.

초전도 양자 프로세서에서 선형 이하 자원으로 정수를 소인수분해하기
Factoring integers with sublinear resources on a superconducting quantum processor

---

*큐비트qubit 또는 양자비트quantum bit라고 한다. 기존 컴퓨터는 정보를 0 또는 1의 비트 단위로 저장하지만 양자컴퓨터는 0과 1의 상태를 동시에 갖는 큐비트 단위로 저장한다.

양자컴퓨터가 RSA, ECC와 같은 공개키 암호를 풀어버리는 날이 머지않았다는 예고였다. 한편 중국을 제외한 암호학 전문가들은 아직까지 우려할 정도는 아니라는 입장이다. 양자컴퓨터가 이 정도의 능력을 갖추려면 적어도 10년 이상의 세월이 필요하다는 것이다.

ANYWAY

양자컴퓨터가 상용화되면 카톡과 은행 거래, 암호화폐 등은 지금과 같은 보안 시스템으로는 버틸 수 없을 것이다. 그래서 많은 천재들이 양자컴퓨터에 맞설 양자암호 개발에 도전하고 있지만 미래에 창(양자컴퓨터)이 강할지 방패(양자암호)가 강할지는 예측하기 어렵다. 그래서 만약 어느 걸출한 사피엔스가 나타나 새로운 패러다임의 암호 생태계를 만들어준다면 뉴턴, 아인슈타인급의 역대급 수학자이자 과학자로 칭송받게 될 것임은 분명하다.

구글, 인텔, 마이크로소프트, IBM 등 글로벌 테크 회사들은 앞다투어 양자컴퓨터를 기반으로 하는 '암호전쟁'에 뛰어든 지 오래다. 이 전쟁의 최종 승자는 수학을 제일 잘하는 회사가 될 전망이다.

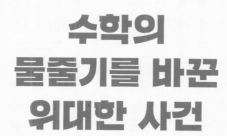

수학의
물줄기를 바꾼
위대한 사건

06

제국을 평정한
10개의 검
—
유클리드 원론

인류 역사상 가장 많이 배포된 책은 『성경』이라고 한다. 물론 공식 집계는 할 수 없으니 반론이 존재한다. 대표적으로 『마오쩌둥 어록』은 세계적으로 10억 부 이상 판매되었는데, 이는 세계 맥주 시장에서 중국의 설화(스노우) 맥주, 칭다오(청도) 맥주가 버드와이저보다 많이 팔린다는 주장과 비슷한 맥락이다.

하지만 분야를 학술서로 한정 지으면 영예의 1위는 『유클리드 원론』일 것이라고 한다. 보통 수학, 과학 분야에서 '원론'은 '유클리드 원론'을 줄여서 부르는 말이다. 원론의 저자 유클리드 BC325?~BC265? 그리스는 기원전 300년 경 당시 세계 지식의 허브였던 알렉산드리아 대도서관에서 활동했던 수학자이자 위대한 스승이었다. 이곳에서 유클리드는 요즘으로 치면 기하학 일타강사였고, 이집트의 왕 프톨레마이오스 1세 또한 유클리드의 제자였다.

유클리드(좌), 유클리드 원론(우)

강의가 끝나고 프톨레마이오스가 유클리드에게 질문했다.
"선생, 기하학을 쉽게 공부하는 방법이 없겠소?"

예끼!

왕만 아니었다면 한 대 쥐어박을 뻔했지만 유클리드는 공손하게 말했다.
"폐하, 기하학 공부에 왕도는 없습니다."

위대한 스승 유클리드는 어느 날 저녁 파로스 등대가 불을 밝히는 알렉산드리아 항구를 바라보며 원대한 꿈을 꾸게 된다.
"탈레스* 형님의 뜻을 이어받아 모든 사람들이 쉽게 공부할 수 있

---

*BC624?~BC546? 서양 자연 철학과 기하학의 원류로 평가되는 그리스의 철학자이자 수학자

는 기하학 책을 만들고 말 테야~~"

이렇게 시작된『유클리드 원론』! 유클리드는 종이 대신, 파피루스*
의 잎을 잘 말려 위대한 여정을 써 내려갔다.

"점은 부분이 없는 것이다."

'점'이란 무엇인가로 시작되는 원론은 최초의 체계적인 수학 교과
서였으며 국경과 시대를 넘어 전 세계의 수학 교과서로 퍼져나갔다.
심지어 오늘날 대한민국의 중·고등학교 교과서의 상당 부분은 원론
을 각색한 것이다. 기원전 300년 경, 우리나라로 따지면 고조선시대
에 집필한 책이 2300년이 지난 오늘날에도 아마존과 교보문고에서
팔리고 있다는 사실은 더 놀랍다.

그런데 아무리 '최초', '원조' 수학 교과서라 하더라도 세상에 좋은
책이 많이 나왔을 텐데, 원론은 어떤 특별함으로 지금까지도 명성을
유지하고 있는 것일까!

정의·공리·정리

'유클리드 원론'의 성공 비결은 경험을 지식으로 축적하는 귀납적
인 방법에서 벗어나 정의/공리/정리를 기반으로 하는 연역법을 사용
하여 수학을 기술했다는 점에 있다.

---

*파피루스^{papyrus} : 종이 대신 사용되었던 갈대과의 식물, 오늘날 페이퍼^{paper}의 어원

귀납법 vs 연역법

귀납법은 개별 사례들에 대한 경험을 모아 결론을 도출해내는 방식이고, 연역법은 결론을 먼저 내고 개별 사례들에 적용시켜 나가는 방식이다.

과학은 주로 실험을 기반으로 하기 때문에 귀납법을 많이 사용한다. 예를 들어 "화이자 백신이 안전하다."라는 것은 충분한 실험을 모아 결론을 도출한 것이고, "삼각형의 무게중심은 중선을 2:1로 내분한다."라는 것은 수학적인 증명에 의해 선험적으로 결론을 만들고, 개별 사례(문풀)에 적용해 나가는 것이다.

그래서, 수학을 잘하면, 선험적 능력이 생기고 경험 이전의 것을 알 수 있다.

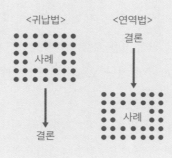

수학을 공부하다 보면 정의/공리/정리… 이런 용어들이 등장하는데 "꼭 이런 용어를 알아야 수학을 하나요?"라는 질문을 많이 받게 된다. 이 질문의 답은 다음과 같다. "수학은 정의/공리/정리를 기반으로 만들어가는 학문입니다ㅎㅎ"

수학에서 정의/공리/정리가 무엇인지 알아보자.

정의(定義, definition)

그나마, 정의/공리/정리 중에서 가장 익숙한 단어일 것이다. 어떤 사람이 문과인지, 이과인지 구분하는 재미있는 질문이 있다.

이 질문에 대하여 ①을 답하면 문과, ②를 답하면 이과라는 것이다. 하버드대 정치학과 교수인 마이클 샌델의 베스트셀러 『정의란 무엇인가』에서 정의는 ① justice, 이공계 대학생에게 정의는 ② definition 일 것이다.

정의**definition**의 사전적인 의미는 뜻을 정한다는 것이다. 수학에서는 등장인물 소개와 같다. 만약 어느 나라의 법을 만든다면 영토가 뭔지, 국민이 뭔지, 주권이 뭔지 정의를 내리고 시작해야 할 것이다. 마찬가지로 수학에서도 여러 정의가 필요하다. 점, 직선, 원, 소수, 분수, 함수, 지수, … 이렇게 수학에 나오는 등장인물들을 소개해야 수학이라는 나라가 세워질 수 있는 것이다.

언급한 대로 유클리드는 원론에서의 첫 문장을 '점은 부분이 없는 것이다'라는 점의 정의로부터 시작했다. 한편 국어사전에서는 '점은 작고 둥글게 찍은 표'라고 소개한다. 사람 얼굴에 둥글게 난 점은 쪼갤 수 있으니까 부분이 있는 것이다. 유클리드의 관점으로 얼굴의 점은 점이 아니라 제법 큰 도형이다. 수학에서의 어떤 용어의 정의는 사전적 정의보다는 엄밀하고 추상적일 때가 많다.

공리(公理, axiom)

공리^{axiom}는 증명없이 상식적으로 받아들일 수 있는 이론이라는 뜻이다.

$a=b$, $b=c$이면 $a=c$이다.

$a=b$이면 $a+c=b+c$이다.

뭐 이런 것들이 공리다. 수업 시간에 "당연하지?"라고 넘어가도 대체로 문제 삼지 않는 것들이다.

수학에서 공리는 하나의 문^{door}과 같다. 어떤 공리를 믿는 것은 문 하나를 열고 집에 들어가는 것이다. 이 집은 수많은 이론들이 구조물을 이루고 있다. 이 구조물이 하나의 공리 체계가 되는 것이다. 수학뿐만 아니라 인류는 수많은 공리 체계 하에서 공동체를 이루며 살아왔다. 이러한 공리는 공동체를 지탱하는 구심점이 되기도 한다.

만약 어떤 사람들이 X라는 공리를 믿는다고 가정하자.

X가 성경이거나 코란이면 같은 종교인

X가 시조 신화이면 같은 민족

X가 이윤 추구이면 자본주의자

X가 평등한 분배이면 공산주의자

X가 주권이면 그 나라의 국민

공리에 따라 새로운 집이 생기는 것이다.

토머스 제퍼슨, 벤저민 프랭클린이 만든 미국의 독립선언문도 다음과 같이 공리를 던지며 시작한다.

우리는 다음을 진리로 받아들인다.

모든 사람은 평등하게 창조되었고, 신에게서 생명, 자유, 행복이라는
세 가지 권리를 부여받았다…

이 공리를 받아들이면, 미국의 독립은 당연한 것이 된다.

정리(定理, theorem)

정리theorem는 말 그대로 결정된 이론이다. 증명을 통해, 참이라고
공인된 수학 이론이다. 수학에서 ○○정리는 물론 ○○법칙, ○○이
론, ○○원리, ○○공식은 대부분 정리로 보면 된다.

피타고라스 정리, 사인법칙, 비둘기집의 원리, 신발끈 공식

우리가 배우는 대표적인 정리들이다. 정리는 수학자들의 추측 또는
가설로부터 출발한다. 이 추측 또는 가설은 증명을 통해 정리로 승격
한다.

2000년 미국 클레이 수학연구소에서
100만 달러의 상금을 내건 '밀레니엄 7
대 수학 난제' 중에는 '푸앵카레의 추측',
'리만 가설' 등이 있었다. 이 중 푸앵카레
의 추측은 2002년 그레고리 페렐만이 증
명을 했기 때문에 정리로 승격했지만, 리
만 가설은 아직 증명이 안 되었으므로 여전히 가설이다.

밀레니엄 7대 난제

❶ 리만 가설
❷ 푸앵카레 정리
❸ N-PT 문제
❹ 나비에-스톡스 방정식
❺ 양-밀스 가설
❻ 버츠와 스위너톤 다이어 추측
❼ 호지 추측

과학자들의 성경 ━━━━━━

언급한대로 '유클리드 원론'은 수학이라는 지식 체계를 정의/공리/정리를 기반으로 하는 연역적인 시스템으로 바꾸어놓았다. 지식 체계에 패러다임의 전환paradigm shift을 일으킨 것이다.

원론은 다음과 같이 구성되어있다.

23개의 정의	10개의 공리	465개의 정리	13권의 책

무엇이 가장 눈에 띄는가?! 이 책의 위대함은 공리가 고작 10개라는 점이다. 10개의 공리만 믿으면 23명의 등장인물(정의)로 만들어진 465개의 정리가 깔끔하게 설명이 되는 것이다. 유클리드가 달랑 10개의 검으로 수학이라는 제국을 평정한 셈!

유클리드가 원론을 저술했을 때는 종이와 인쇄술이 보급되기 전이었으므로 필사 방식으로 제작되어 보급에 한계가 있었으나 종이의 보급과 구텐베르크의 인쇄 혁명, 아라비아 숫자와 수학 기호의 발전으로 인해 원론은 유럽 각지에 퍼져나갔다.

아이작 뉴턴, 알베르트 아인슈타인, 버트런드 러셀과 같은 위대한 수학자(과학자)들은 유년기(청년기)에 원론을 처음 만났던 순간을 회고하곤 했다. 그들은 훗날

"원론에 빠지면서 수학에 눈을 뜨게 되었다."

"원론은 기하학에 내린 축복이다."

"원론 덕에 단순함에서 복잡함을 도출할 수 있었다."

라고 극찬을 했으며, 위대한 철학자 칸트는 『순수이성비판』에서 진짜 수학은 원론이라고 강조했다. 미국의 16대 대통령 링컨은 원론 덕에 법률가로 성장할 수 있었다고 회고했다. 링컨은 전체는 부분보다 크다는 원론의 공리를 내세우며 분열보다는 평등과 화합을 강조하기도 했다.

유클리드 원론은 한마디로 '과학자들의 성경'이었으며, 인류 지성사에 가장 큰 영향을 미친 책이다. 이후의 많은 과학서들은 원론의 방식으로 서술되었다. 뉴턴의 '자연철학의 수학적 원리'『프린키피아 Principia』도 원론의 방식을 따르고 있다.

그런데

세상에 완벽한 것은 없으니, 유클리드 원론에도 한 가지 아킬레스건이 있었다.

10개의 공리 중 하나가 그냥 받아들이기에는 뭔가 애매했던 것이다. 사람들은 이 공리를 의심하기 시작하는데… 의심이 눈덩이처럼 불어나면서 훗날 엄청난 사건들이 벌어지게 된다.

※　　※　　※

다음 에피소드에서는 유클리드 원론에 반기를 든 〈비유클리드 기하학〉을 만나보기로 한다.

감히 내게

두 평행선이
만날 수도 있다
—
비유클리드 기하학

2300년간 과학자들의 성경이었던 『유클리드 원론』!

'원론'의 위대함은 달랑 10개의 공리만 가지고 방대한 수학을 서술했다는 점이다. 원론의 10개의 공리를 살펴보자.

이 중 5개는 연산과 대소에 관한 공리이다.

> (1) A＝B이고 A＝C이면 B＝C이다.
> (2) A＝B이면 A+C＝B+C이다.
> (3) A＝B이면 A-C＝B-C이다.
> (4) 서로 포개어지는 것들은 같다.
> (5) 전체는 부분보다 크다.

너무 쉬워서 당황스럽다. 그런 게 공리다. 나머지 5개는 도형에 관한 공리이다. 이 5개를 공준公準 postulate이라고도 한다. 공리에 준하는 것이라는 뜻이다.

> (1) 한 점과 다른 점을 연결하는 직선은 하나뿐이다.
> (2) 선분을 연장하면 하나의 직선이 된다.
> (3) 임의의 점을 중심으로, 임의의 길이를 반지름으로 하는 원을 그릴 수 있다.
> (4) 모든 직각은 서로 같다.
> (5) 한 직선 l이 다른 두 직선 m, n과 만날 때, 같은 쪽 내각의 합이 180°보다 작으면 m, n은 서로 만난다.

이번에도 너무 쉬워서 또 당황스러울 뻔했다. 그런데 (5)번 공리에 눈길이 간다. 맞는 것 같긴 한데, 그냥 받아들이긴 애매하다.

"혹시 유클리드가 증명을 못한 거 아냐?"

수학자들은 유클리드를 의심하기 시작했다. (5)번 공리는 원래 정리인데 유클리드가 증명을 못해 공리라고 던져놓고

"그냥 외워~~ !"

라고 강요하는 듯한 느낌을 받은 것이다. 이후 2000년 간 많은 수학자들은 (5)번 공리의 증명에 도전했지만 번번이 실패했고 1795년 수학자 플레이페어는 (5)번 공리와 동치인 '평행선 공리'를 발표한다.

평행선 공리는 (5)번 공리보다 훨씬 이해하기 쉬웠지만 이 또한 증명할 수 없었다. 이쯤 되니 수학자들의 인내심도 바닥이 났다. 수학자들은 평행선 공리가 어쩌면 거짓일 수도 있다고 생각했다.

"만약 평행선 공리가 거짓이라면?"

한 직선 *l*과 그 외부의 점 P에 대하여 P를 지나고 *l*과 평행한 직선은

가정❶ 여러 개 이다.   **가정❷** 존재하지 않는다.

두 가지 가능성을 생각해볼 필요가 있었다. 그런데 이 과정에서 놀라운 일이 벌어진다. 유클리드가 생각했던 완전평면(유클리드 평면)에서 평행선 공리는 맞는 말이지만 유클리드 평면이 아닌 곡면 위에서는 평행선 공리가 맞지 않는 경우가 있었다.

다시 말해, 한 직선 *l*과 그 외부의 점 P에 대하여 P를 지나고 *l*과 평행한 직선은 무수히 많을 수도 없을 수도 있다는 사실! 평행선 공리를 의심했다가 새로운 공리 체계가 탄생하게 된 것이다.

쌍곡기하학과 타원기하학 ——————

1830년경, 수학의 왕은 단연코 가우스[1777~1855 독일]였다. 가우스는 유클리드 평면이 아니면 평행선 공리는 모순이라고 생각하고 있었다. 가우스는 평소에 '드물지만 성숙하게'를 강조하며 완벽하지 않거나 공격당할만한 이론은 좀처럼 발표하지 않는 성격이었다. 어느 날 친구였던 헝가리의 수학자 팔커시 볼리아이에게 편지가 왔다. 자신의 아들 야노스 볼리아이가 새로운 기하학을 만들었다는 내용이었다. 이 편지를 읽고 가우스는 답장을 했다. "내가 조카를 칭찬하는 것은 스스로를 칭찬하는 것과 같다네, 예전에 다 생각했던 거야!" 친구 입장에서 이 정도면 손절 각이었지만 가우스였기에 그러려니 했을 것이다. 비슷한 시기 러시아의 수학자 로바체프스키는 같은 생각을 논문으로 발표하기도 했다.

> **가정❶** 만약, P를 지나고 *l*과 평행한 직선이 여러 개라면?

그들은 말 안장처럼 휘어진 곡면(쌍곡면)을 생각했다.

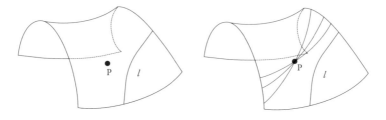

쌍곡면에서는 점 P를 지나고 *l*과 평행한(만나지 않는) 직선은 여러 개를 넘어 무수히 많이 나올 수 있다.

또한 유클리드 평면에서 삼각형의 내각의 합은 180°이지만 쌍곡면에서 삼각형의 내각의 합은 180°보다 작아지게 된다.

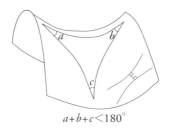

$$a+b+c<180°$$

쌍곡면에서 **가정❶**은 모순이 없었을 뿐만 아니라 이를 공리로 하는 〈쌍곡기하학hyperbolic geometry〉이 탄생하게 된 것이다.

1850년경, 가우스의 애제자 리만은 스승과 정반대의 고민을 했다.

가정❷ 만약, P를 지나고 *l*과 평행한 직선이 존재하지 않는다면?

리만은 지구와 같은 구면을 생각했다.

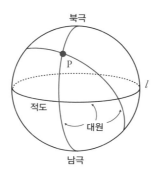

지구를 완전한 구로 가정하고, 지구 위에서 직선을 그으면 지구와 반지름이 같은 원이 만들어지는데 이를 대원大圓이라 한다. 적도는 하나의 대원이다. 적도를 *l*이라 할 때, *l*의 외부에 있는 점 P를 지나는 대원은 반드시 *l*과 만나게 된다. 즉, 적도와 평행한 대원은 없다는 뜻이다.

또 적도 *l*과 북극을 지나며 서로 수직인 두 대원 *m*과 *n*을 그어 만들어지는 삼각형의 내각의 합은 270° 즉, 180°보다 커진다.

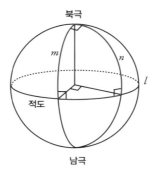

'이와 같이 구면에서 **가정❷** 역시 모순이 없었을 뿐만 아니라 이를 공리로 하는 〈타원기하학elliptic geometry〉이 탄생하게 된 것이다.

오늘날 '쌍곡기하학', '타원기하학'과 같이 안으로 밖으로 휘어진 공간에서의 기하학을 〈비유클리드 기하학〉이라고 부른다. 역사가들은 비유클리드 기하학을 근대 과학의 위대한 혁명으로 극찬하고 있다. 볼리아이 부자父子는 훗날 헝가리의 우표에 등장하게 되었으며, 로바체프스키는 '기하학의 코페르니쿠스'로 불리게 되었다.

볼리아이(좌), 로바체프스키(우)

휘어진 공간과 중력

베른하르트 리만1826~1866 독일은 스승 가우스에 필적하는 역대급 수학자로 평가받는다. 리만은 결핵으로 인해 40세에 세상을 떠났지만 리만 적분, 리만 기하, 리만 다양체, 리만 가설 등등 수학의 다방면에 자신의 상표를 새겨놓았다.

특히 리만은 스승 가우스가 자부심을 가지고 연구했던 곡률*이라는 개념을 도입하여 볼록하게 보이는 타원기하에서의 곡률은 양(+), 오목하게 보이는 쌍곡기하에서의 곡률은 음(-)이라고 설명하며 비유클리드 기하를 체계화시켰다. 그래서 오늘날 '비유클리드 기하학'을 〈리만기하학〉이라고 부르기도 한다.

---

*곡률Curvature은 휘어짐의 정도를 나타내는 것으로, 직관적 정의는 곡선과 휘어짐이 같은 원의 반지름의 역수이다. (자세한 정의는 미분기하학 공부를 추천)

	유클리드 기하학	쌍곡기하학	타원기하학
곡률	0	음(-)	양(+)
한 직선의 외부의 점을 지나는 평행선의 개수	단 한 개	무수히 많다	존재하지 않는다
삼각형의 세 내각의 합	180°	180°보다 작다	180°보다 크다

　비유클리드 기하학은 리만에 의해 곡면에서의 변화를 나타내는 〈미분기하학〉으로 진화했다. 아인슈타인은 '일반 상대성이론'에서

"휘어진 공간이 중력을 만듭니다."

라고 말하며 리만에게 경의를 표한다. '미분기하학'으로 〈상대성이론〉을 풀어냈던 것이다.

스승 가우스(좌), 제자 리만(우)

　한편 '비유클리드 기하학'은 학문 연구의 방법론적 혁명을 불러왔다. 세상에 절대적인 진리란 없으며 어떤 공리를 믿는가에 따라 새로운 길이 열린다는 점이었다. 이후 20세기 초 많은 수학자들은 ○○ 공리계를 만들어 수학의 기초를 굳건히 하는 작업을 하기 시작했다. 〈ZFC 공리〉, 〈페아노 공리〉, 〈힐베르트 공리〉 등이 대표적인 것들이다.

천재들의
생명 연장의 꿈
—
로그의 탄생

두께가 0.1mm인 대왕 종이가 있다고 가정하고, 계속 접으면서 그 위에 올라가는 실험을 해보자.

한 번 접으면 종이는 $2^1 = 2$장

두 번 접으면 종이는 $2^2 = 4$장

세 번 접으면 종이는 $2^3 = 8$장

네 번 접으면 종이는 $2^4 = 16$장

다섯 번 접으면 종이는 $2^5 = 32$장

······

겨우 32장일 뿐이다. 높이는 $32 \times 0.1 = 3.2$mm

접을 때마다 높이는 두 배가 될 뿐이다.

정답은 …… (sorry!) ①, ②, ③ 중에는 없다. 실제 높이를 계산해보면 지구에서 태양까지 거리의 800조 배인 134억 광년, 즉 빛이 134억 년을 달리는 거리이며, 우주의 나이가 138억 년임을 감안하면 종이를 100번 접어 올라갔을 뿐인데, 빅뱅*(우주의 탄생) 시절의 빛을 따라잡고 있는 것이다. 한 번만 더 접었다면 이 빛도 추월할 뻔 했다!

걷잡을 수 없는 기하급수

종이를 100번 접으면 2^{100}장! 그 높이는

$$2^{100}장 \times 0.1mm$$

2^{100}은 2를 겨우 100번 곱한 수인데, 계산해보면 상상이 안되는 수가 나온다. 참고로, $2^{10} = 1024$, 조금 깎아서 $2^{10} \fallingdotseq 1000$이라고 치더라도

$$2^{100} = (2^{10})^{10} \fallingdotseq (1000)^{10} = 10^{30}$$

$$= 1,000,000,000,000,000,000,000,000,000,000 (31자리의 수)$$

실제로는 $2^{100} \fallingdotseq 1.27 \times 10^{30}$

---

*빅뱅 시절의 빛을 실제로 따라잡으려면 우주의 팽창 속도까지 반영하여 몇 번 더 접어야 한다. 이 책에서는 우주의 팽창 속도를 제외하고 빛이 달린 거리만 계산했다.

Amazing!

억/조/경/해… 와 같은 들어본 단위가 아니다. 2^{100}은 소위 말하는 천문학적인 수였던 것! 종이의 높이는 빛을 따라잡을만 했던 것이다.

참고로 자연수의 단위는 다음과 같다.

십	백	천	만	억	조	경	해	자	양	구	간	⋯
10^1	10^2	10^3	10^4	10^8	10^{12}	10^{16}	10^{20}	10^{24}	10^{28}	10^{32}	10^{36}	⋯

10^{30}은 백양에 해당하는 수로. 천조(10^{15})가 천조(10^{15})개 있는 것이다. 2^{100}은 인간이 경험할 수 없는 진짜 천문학적인 수였던 것이다.

이와 같이 2를 계속 곱하면 그 증가 속도를 걷잡을 수 없는데, 이러한 증가를 '기하급수적 증가' 또는 '지수적 증가'라고 한다.

종이접기 뿐만이 아니다. 만약, 한 마리의 바이러스가 1일 후, 두 마리로 증식한다고 하자. 10일 후에는 $2^{10}=1024$마리가 되어있을 것이다. '입소문'이라는 것도 비슷하다. 어느 지역에 진짜 맛집이 있는데, 맛집에 다녀온 한 사람이 다음날부터 매일 다른 한 사람에게 맛집을 전파한다고 하자. 역시 10일 후에는 1024명이 이 맛집의 존재를 알게 된다. 광고 용어로 '입소문'을 뜻하는 '바이럴viral'이라는 단어는 바이러스virus+오럴oral의 합성어로 입에서 입으로 바이러스처럼 기하급수처럼 퍼진다는 뜻이다.

로그의 탄생

이제 계산기가 없던 400년 전, 1600년대 초로 거슬러 올라가보자. 오늘날 〈케플러의 운동 법칙〉으로 유명한 수학자 겸 천문학자 케플러 **1571~1630 독일**는 화성 궤도의 계산식을 만들었다. 4년간의 고통스러운 시간이었다. 아니, 수학자니까 4년 동안 즐겁지 않았을까?

ㅎㅎ 절대 오산이다

수학자는 계산을 좋아하는 사람이 아니다. 계산의 효율성과 계산 알고리즘을 만들고 싶은 사람이다. 케플러와 같은 천문학자들은 누군가가 대신 계산해주거나, 계산 기계가 나왔으면 하는 간절한 소망이 있었을 것이다.

또한 당시 권력자들은 수학자(천문학자)들을 고용하여, 천체의 운동을 계산시켰다. 그리고, 수학자들의 계산을 토대로 "일주일 후에 해가 사라질 것이다."와 같이 일식을 예언하기도 했다. 예언된 날에 해가 사라졌다면 권력자는 신이 되었을 것이며, 해가 멀쩡히 떠 있었다면, 수학자의 목이 날아갔을 것이다. 이와 같이 수학자들은 한편으로 궁중의 계산 노동자였으며, 천문학적인 계산은 수학자의 수명을 단축시키는 고통스러운 일이었다.

하지만, 모두가 간절하면 영웅이 탄생하는 법! 1614년, 수학자들의 구세주, 존 네이피어 **1550~1617 스코틀랜드**가 로그라는 계산기(?)를 들고 혜성처럼 나타났다. 로그는 다음과 같은 계산 법칙을 따른다.

$$\log xy = \log x + \log y \qquad \log \frac{x}{y} = \log x - \log y \qquad (x > 0, y > 0)$$

다시 말해, 로그는 곱셈(거듭제곱)을 덧셈으로, 나눗셈을 뺄셈으로 바꾸어준다. 이제 2^{100}도 로그를 이용하면 편하게 계산할 수 있게 되었다.

$$\log 2^{100} = \log \underbrace{(2 \times 2 \times 2 \times \cdots \times 2)}_{100개}$$
$$= \underbrace{\log 2 + \log 2 + \log 2 + \cdots + \log 2}_{100개}$$
$$= 100 \times \log 2$$

2를 100번 곱하는 대신, log2를 100번 더하기만 하면 되는 것이다.

훗날 레전드 수학자 라플라스는

"로그는 천문학자의 수명을 두 배 연장시켰다."

라고 말했다.

로그의 발명자 존 네이피어

로그가 탄생한 지 4년 후인 1618년, 케플러는 자신의 세 번째 운동 법칙인 〈조화의 법칙(주기의 법칙)〉*을 발표한다.

---

*케플러의 3대 운동 법칙
[제1법칙] 타원 궤도의 법칙
[제2법칙] 면적 속도 일정의 법칙
[제3법칙] 조화(주기)의 법칙

조화의 법칙이란, '행성의 공전 주기(T)의 제곱은 궤도의 장반지름(R)의 세제곱에 비례한다'는 뜻으로 다음과 같다.

$$T^2 \propto R^3 \text{ 구체적으로 } T^2 = \frac{4\pi^2}{G(M+m)} R^3$$

(G는 중력 상수, M은 초점에 위치한 별의 질량, m은 행성의 질량)

케플러는 한때, 자신의 고용주이자 유명한 천문학자였던 티코 브라헤[1546~1601 덴마크]가 만들어놓은 행성 궤도의 관측 기록을 토대로 위대한 공식을 직감할 수 있었다. 지금부터는 조화의 법칙에 로그를 씌워 케플러의 생각을 역추적 해보자.

$T^2 = \dfrac{4\pi^2}{G(M+m)} R^3$에서 비례상수 전체를 k로 두면 $T^2 = kR^3$

두 행성 A, B의 공전 주기와 반지름을 다음과 같이 놓자.

	공전 주기	긴 반지름
행성 A	T_A	R_A
행성 B	T_B	R_B

$T_A{}^2 = kR_A{}^3$에서 양변에 로그를 씌우면 $2\log T_A = 3\log R_A + \log k$ ⋯ ㉠

$T_B{}^2 = kR_B{}^3$에서 양변에 로그를 씌우면 $2\log T_B = 3\log R_B + \log k$ ⋯ ㉡

㉠-㉡에서 $2\log \dfrac{T_A}{T_B} = 3\log \dfrac{R_A}{R_B}$ ➡ $\log \dfrac{T_A}{T_B} : \log \dfrac{R_A}{R_B} = 3:2$

두 행성의 공전 주기의 비와 장반지름의 비에 로그를 씌우면 정비례 관계였던 것이다. 이 놀라운 발견으로 조화의 법칙이 탄생할 수 있었던 것! 로그는 위대한 공식의 탄생을 수십 년 앞당겼다. 케플러는 네이피어에게 깊은 감사를 표하고 싶었지만, 그럴 수 없었다. '조화의 법칙'이 탄생하기 1년 전인 1617년, 네이피어가 세상을 떠났기 때문이다.

인생을 갈아 넣은 로그표

스코틀랜드 에든버러의 귀족 가문에서 태어나 지역 영주가 된 네이피어는 기발한 사람이었다. 어느 날 집에서 귀중품을 도난당한 네이피어는 하인들을 모두 어두운 방으로 들여보내 검은 수탉을 만지게 했다.

"수탉은 범인이 만지면 운다는군!"

하인들이 쑥덕거렸다. 하지만 모든 하인의 차례가 끝나도 수탉이 울지 않았다. 네이피어는 하인들을 모아놓고 손을 들라고 했다. 단 한 사람을 빼고 손이 검은색이었다. 도둑이 제 발 저려 수탉을 만지지 않은 것이었는데, 네이피어가 닭에 검은 염료를 칠해 범인을 찾은 것이었다.

네이피어는 지역에서 '검은 닭을 키우는 신비한 사람'으로 알려졌으며 대포와 양수기 등 다양한 발명을 했다. 이중 가장 유명한 것은 '네이피어의 뼈'로 알려진 막대로 당시에는 혁신적인 계산 도구였다.

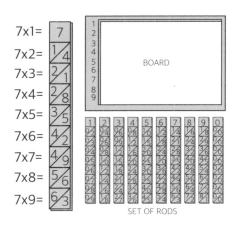

이 막대는 일종의 곱셈표로, 로그가 나오기 전, 곱셈 노가다를 줄일 수 있는 도구였다.

한편, 케플러의 스승이었던 티코 브라헤는 삼각비의 〈곱을 합·차로 바꾸는 공식〉을 항해술과 천체운동 계산에 활용하고 있었다.

곱을 합·차로 바꾸는 공식

$$(1)\ \sin A\ \cos B = \frac{1}{2}\{\sin(A+B)+\sin(A-B)\}$$

$$(2)\ \cos A\ \sin B = \frac{1}{2}\{\sin(A+B)-\sin(A-B)\}$$

$$(3)\ \cos A\ \cos B = \frac{1}{2}\{\cos(A+B)+\cos(A-B)\}$$

$$(4)\ \sin A\ \sin B = -\frac{1}{2}\{\cos(A+B)-\cos(A-B)\}$$

네이피어는 자신이 만든 막대(네이피어의 뼈)와 '곱을 합·차로 바꾸는 공식'의 아이디어를 콜라보하면 뭔가 혁신적인 계산 공식을 만들 수 있다고 직감하고 있었으며, 수많은 시행착오를 거쳐 마침내 로그를 탄생시켰다.

여기에 1585년 수학자 시몬 스테빈이 『10분의 1에 관하여』라는 책을 출판하면서, 소수(십진 분수)의 표기법이 상용화되어, 네이피어는 자연수는 물론 소수단위까지 로그값을 계산하는데, 매진하게 된다. 그리고 마침내 1614년 64세의 나이에 『경이로운 로그 법칙의 기술』이라는 이름의 책으로 로그표를 발표했다. 20년 간 피나는 노력의 결실이었다.

네이피어의 발표에 수학계는 열광했다. 당시 옥스퍼드대 교수이자 저명한 수학자였던 헨리 브리그스[1561~1630 영국]는 누군가 해야할 일이지만, 아무나 할 수 없는 일을 해낸 네이피어를 극찬하며, 이듬해 1615년 네이피어를 찾아와 로그표를 제대로 업그레이드 하자고 제안한다.

"감히, 내 걸 건드려!!"

보통 같으면 이랬겠지만, 거장의 사고는 열려있었다. 고령에 통풍까지 앓고 있던 네이피어에게 브리그스는 대업을 완성시켜 줄 천군만마였다. 이후 브리그스는 밑이 10인 로그 즉, 상용로그표를 각고의 노력으로 완성했다. 하지만 네이피어는 완성을 보지 못하고 세상을 떠났다. 지병이었던 통풍을 이기지 못했던 것이다. 오늘날 고등 교과서의 부록〈상용로그표〉는 브리그스가 만든 것의 일부분이다.

티코 브라헤(좌), 헨리 브리그스(우)

상용로그는 일상에서 사용하는 로그라는 뜻으로 10을 밑으로 한다. 보통
은 밑을 생략해서 쓴다.

$$\log_{10} x = \log x$$

사람의 손가락이 10개이므로 10진법을 사용하는 것이 편리한데, 상용로
그가 편리한 것도 같은 맥락이다.

로그와 현대 과학

로그와 '상용로그표'가 가져온 계산 혁명은 더 좋은 계산기의 발달
을 부추겼다. 수학자들은 〈상용로그표〉를 가지고 다니는 대신, 일반적
인 자의 눈금과 상용로그값의 눈금을 대응시켜 〈로그자〉를 만들었다.

대표적인 로그자는 에드먼드 건터의 〈건터자〉였으며 윌리엄 오트
레드는 두 개의 건터자를 결합하여 사용했고 현대
식 계산자와 가까운 원형 계산자를 고안했다.
이후, 계산자는 뉴턴도 애용하는 이과생들의
필수템이 되었다.

여러 가지 계산자

18세기 말, 산업혁명의 주역
제임스 와트는 증기 엔진의 사
양을 만드는 데 로그자를 사용

했으며 1969년 아폴로 11호가 달에 착륙할 때, 닐 암스트롱과 함께 탑승했던 과학자 버즈 올드린은 로그자로 달 착륙 시간을 계산하여 달에 발을 내디딜 수 있었다.

또한, 이차대전 당시, 미국의 '맨해튼 프로젝트'의 주역이었던 물리학자 엔리코 페르미는 로그자를 이용해, 핵반응 속도를 계산했다.

포스트 잇

아폴로 11호와 최초의 달 착륙

"한 인간에게는 한 걸음이지만, 인류에게는 위대한 도약이다."
1969년 7월 20일, 아폴로 11호가 달에 착륙했을 때, 선장이자, 최초로 달에 발을 내디딘 닐 암스트롱이 한 말이다.

당시 암스트롱과 함께 버즈 올드린, 마이클 콜린스가 아폴로 11호에 탑승했다. 암스트롱에 이어 올드린이 달에 두 번째로 발을 내디뎠으며, 마이클 콜린스는 사령선인 콜롬비아호를 조종하느라 달에 내리지 못했다.
대다수의 사람들은 암스트롱의 이름만 기억할 뿐, 2등으로 달에 내린 올드린의 이름은 기억하지 못한다.
이는 "역사는 1등만 기억한다."를 언급할 때, 인용되는 대표적인 사례이기도 하다.

로그는 자연과학에서 많은 규칙을 발견해 냈다.
미국의 지질학자 리히터는 지진의 규모(M)와 에너지(E) 사이에

$$\log E = 11.8 + 1.5M$$

이라는 규칙을 발견했으며
덴마크의 생화학자 쇠렌센은 용액의 산성도를 나타내는 pH지수를

제안했는데, 용액의 수소이온 농도를 $[H^+]$라고 할 때,

$$pH = -\log[H^+]$$

가 성립한다.

수험생이라면 어디서 한 번쯤 본 듯한 이 이론들은 수능과 모의고사(평가원/교육청) 시험에서 로그의 실생활수학 문제로 둔갑하여 등장했다. 이 밖에도 별의 등급과 광도, 전기 통신, 자극과 반응, 가격과 수요량에 관한 로그의 공식들도 출제되었다.

지진의 규모 R과 지진이 일어났을 때 방출되는 에너지 E 사이에는 다음과 같은 관계가 있다고 한다. $$R = 0.67\log(0.37E) + 1.46$$ 지진의 규모가 6.15일 때 방출되는 에너지를 E_1, 지진의 규모가 5.48일 때 방출되는 에너지를 E_2라 할 때, $\dfrac{E_1}{E_2}$의 값은?	용액의 수소이온 농도 $[H^+]$와 수산화이온 농도 $[OH^-]$에 대하여 $$[OH^-] = 10^{-14} \times \dfrac{1}{[H^+]}$$ 이 성립하고, 용액의 산성도를 나타내는 pH는 $$pH = -\log[H^+]$$ 로 정의된다. 이때, $[OH^-] = 10^{-4}$인 용액의 pH의 값은?
세페이드 변광성의 변광 주기 P(일)과 광도 M(절대등급)은 다음 식을 만족시킨다고 한다. $$M = -2.81\log P - 1.43$$ 변광 주기가 50일인 세페이드 변광성의 광도를 M_1, 변광 주기가 5일인 세페이드 변광성의 광도를 M_2라 할 때, $M_2 - M_1$의 값은?	어느 상품의 수요량 D와 판매가격 P사이에는 $$\log_a D = \log_a c - \dfrac{1}{3}\log_a P \ (a, c\text{는 양의 상수}, a \neq 1)$$ 인 관계가 성립한다고 한다. 이 상품의 판매가격이 P_1, $4P_1$일 때의 수요량을 각각 D_1, D_2라 할 때, $\dfrac{D_2}{D_1}$의 값은?

미국의 수학사 학자 카조리는

아라비아 숫자 | 십진 소수 | 로그

를 인류의 계산술을 도약시킨 3대 발명품으로 뽑았다. 오늘날, 전자 계산기가 나오면서 로그는 더 이상 참신한 계산 도구는 아니다. 하지만 로그가 없었다면, 산업혁명, 우주개발, 핵공학, 생명공학, 전기공학, 경제학 등등 문명의 발전은 수백 년 뒤로 늦어졌을 것이다. 물론, 학생들을 괴롭히는 실생활 로그 문제도 없었을 것이다.

어린 시절 밤하늘의 별을 보고 느낀 설렘은 누군가를 천문학자로 이끌었을 것이다. 하지만, 천체의 움직임을 기록하고, 로그의 값들을 계산하는 일은 설렘을 넘어 특별한 사명감으로 청춘을 바쳐야 하는 일이다.

티코 브라헤 | 케플러 | 네이피어 | 브리그스

거장들에게 경의를 표한다.

09

침대에서 탄생한 네비게이션
―
좌표기하학

파나마 운하는 태평양와 대서양을 연결하는 82km의 해상 통로다. 1914년 8월 15일, 이 운하가 완공될 때까지 두 대양은 너무 먼 바다였다.

수학에도 대수algebra와 기하geometry라는 두 대양이 있었다. 400년 전 만 해도 이 둘은 사실상 너무 먼 학문이었다. 하지만 17세기 초, 어느 천재가 나타나 두 학문을 연결하는 운하를 뚫어버린다.

르네 데카르트

1596년 프랑스의 위대한 지성, 르네 데카르트1596~1650 프랑스가 탄생한다. 어렸을 때부터 몸이 허약했던 데카르트는 학창 시절 지각을 밥먹듯이 했으나, 교장 선생님은 천재였던 데카르트에게 지각을 특별히 허락해준다. 학교 생활에 적응하지 못하고 방황하던 천재는 이른 나이에 군에 입대하여 유럽 각지를 여행하면서, 자신만의 독창적인 지식 체계를 구축하겠다는 원대한 계획을 세운다.

데카르트는 많은 고전을 읽었지만, 아무것도 믿을 수 없었다. 그래서 그는 그 유명한 '방법적 회의'를 하기 시작한다. 방법적 회의란 모든 것을 의심하고, 믿을 수 있는 것부터 하나하나 채워나가는 것이다. 그리고, 그는 이렇게 말한다 .

Cogito, ergo sum
나는 생각한다, 고로 존재한다

이 문장이 근대 철학의 서막을 여는 개회사, 〈코기토 명제〉였다. 그는 코기토 명제를 자신의 [제1공리]로 정하고, 가장 믿을 수 있는 수학이라는 도구를 사용하여 진리를 찾아나섰다. 몸이 허약했던 데카르트는 자주 침대 생활을 했는데, 천재에게 침대는 사색의 공간이었다. 여기에서 수학사의 위대한 순간이 탄생하게 된다.

좌표기하학의 창시자 르네 데카르트

좌표기하학 ————————

20대의 데카르트, 침대에 누워있던 중 천정에 기어 다니는 파리를 발견한다. 데카르트는 파리의 위치를 좌표로 나타내면 어떨까 생각했다. 수식과 연산을 다루는 대수학algebra과 도형을 다루는 기하학 geometry이 만나 〈좌표기하학〉 또는 〈해석기하학〉이 탄생한 순간이었다. 서로 너무 멀리 있었던 두 학문이지만, 데카르트가 파나마 운하를 뚫어버린 것이었다. 기존 기하학에 따르면 원circle은 '평면에서 한 점으로부터 일정한 거리에 있는 점의 자취'라고 장황하게 설명할 수 밖에 없었지만, 데카르트의 좌표기하학에 의해 원은

$$x^2 + y^2 = r^2$$

컴팩트하고 간지나는 표현을 가지게 되었다. 원과 직선이 만나는지 여부도 직접 그려봐야 하던 것을 좌표기하학을 쓰면 원의 중심에서 직선까지의 거리(d)와 반지름(r)의 대소 비교로 판단할 수 있게 되었다.

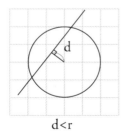
d<r

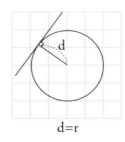
d=r

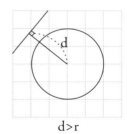
d>r

하지만, 당시 많은 수학자들은 새로운 발명품 '좌표기하학'을 꺼렸다. 심지어 데카르트의 명작 『철학의 원리』를 업그레이드한 역대급 과학서 뉴턴의 『프린키피아』도 좌표기하학을 쓰지 않는다. 그래서 프린키피아를 열어보면, 순수 기하로 만물의 운동을 깔끔하게 설명해버린 뉴턴에게 경외심이 느껴진다.

아마, 당시 수학자들은 좌표기하학을 쓰면 바보가 된다고 생각했을지도 모른다. 도형을 수식으로 풀다 보면, 필자도 가끔 정신줄을 놓고 풀어도 답이 나올 때가 있다. 순수 기하의 매력은 한 순간도 집중력을 놓을 수 없는 긴장감에 있으니, 좌표기하학의 편리함을 이용하면서도 순수 기하에 미안할 때가 있다.

'네비게이션'이 처음 나왔을 때, 이걸 쓰면 바보가 될 거라 생각했던 적이 있다. 그래서 필자를 포함한 슬로우어답터(얼리어답터의 반대말)는 한동안 종이 지도를 이용했다. 그런데, 재미있는 사실은 네비게이션 자체가 좌표기하학이라는 점이다. 네비게이션에 주소를 입력하면 네이게이션은 이를 좌표로 인식하여 찾아 나간다. 또한 '스마트폰'은 한마디로 '좌표폰'이다. 우리는 스마트폰의 한 점을 터치하지만 각 점의 좌표가 명령어로 인식되어, 폰이 작업을 수행하는 것이다.

좌표기하학이 생기면서 도형 뿐만 아니라 변화, 즉 운동을 예측할 수 있게 되었다. 좌표평면 위에서 움직이는 점 (x, y)의 위치를 시간 t의 함수로만 나타내면 되기 때문이다.

$$(x, y) = (f(t), g(t))$$

훗날, 최초의 우주선 아폴로 11호도 달의 궤도를 예측할 수 있었기 때문에 달에 안착할 수 있게 된 것이다.

극좌표와 삼각함수 ━━━━

좌표기하학으로 '거리'라는 개념도 편해졌다. 좌표평면 위의 두 점 A(x_1, y_1), B(x_2, y_2)사이의 거리는 선분 $\overline{AB}$가 되는데 피타고라스 정리에 의해

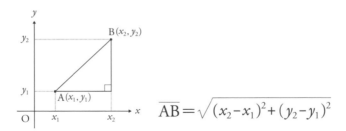

$$\overline{AB} = \sqrt{(x_2 - x_1)^2 + (y_2 - y_1)^2}$$

가 된다. 이 방법으로 측량학이 발달할 수 있었다.

한편, 실제 전쟁에서는 아군의 위치를 원점으로 할 때, 적군이 (400m, 300m)의 위치에 있는 경우, 사령관이

"쏴라!"

라고 발포 명령을 날려봤자, 대포를 쏘긴 어려웠다.

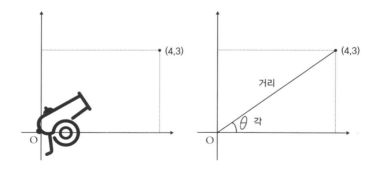

포탄이 가로로 400m 날아간 후, 방향을 틀어 세로로 300m 날아갈 수는 없으니, 현실에서는 거리와 각을 계산해서 직격탄을 날려야 하는 상황이었다. 다시 말해, 좌표평면에서 위치를 가로(x좌표), 세로(y좌표)로 나타내던 방식에서 벗어나 거리와 각을 기준으로 좌표평면을 재설계하게 되었는데, 이게 바로 극좌표다.

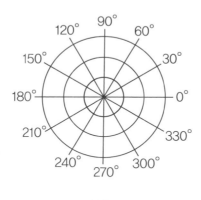

극좌표

200년 전만 해도 삼각함수 즉, 거리와 각을 자유자재로 계산할 수 있는 포병은 드물었다. 수학 잘하는 포병에게는 특별 대우와 고속 승진의 기회가 주어졌다. 이 '수학 잘하는 포병' 중 가장 성공한 사람이 나폴레옹이다. 코르시카섬 출신의 소위 '촌뜨기'였던 나폴레옹은 이를 악물고 잠을 줄여가며 수학을 공부한 끝에 포병 장교가 되고, 프랑스 혁명 당시, 의회에 대포를 쏘아대며 쿠데타에 성공하여 35세의 나이에 프랑스의 황제가 되고, 단기간에 유럽을 평정한 인물이다.

좌표기하학은 이처럼 삼각함수를 발전시켰는데, 삼각함수는 군사학과 지리학을 비약적으로 발전시켜 대항해시대를 열었고 오늘날 교통, 통신 사업과 우주 과학의 기초가 되고 있다. 공대생들이 지겹게 쓰는 수식이라는 뜻이다.

공대생에게 익숙한 〈드 무아브르의 정리〉는 좌표와 삼각함수가 결합된 아름다운 이론이다. 드 무아브르의 정리는 복소수의 계산 혁명을 일으켰다. 복소수 $a+bi$는 복소평면 위의 점 (a, b)에 대응시킬 수 있다. 복소평면이란 x축이 실수축, y축이 허수축인 좌표평면이다.

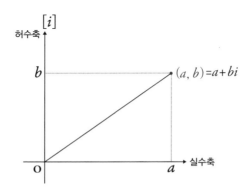

점 (a, b)를 극좌표로 나타내면, 원점에서의 거리 r과 x축의 양의 방향으로부터의 각 θ를 가진다. 이를 삼각함수로 나타내면

$$a+bi = r(\cos\theta + i\sin\theta)$$

가 된다. 이때, 양변을 n제곱$^{n은\ 자연수}$하면

$$(a+bi)^n = r^n(\cos n\theta + i\sin n\theta)$$

좌변 $a+bi$를 실제로 거듭제곱하는 것은 극도의 노가다 계산이다. 하지만 우변을 보면 거리는 n제곱, 각은 n배가 되는 것을 알 수 있다. "로그는 천문학자의 수명을 두 배 연장시켰다."라는 라플라스의 말처럼, "드 무아브르 정리는 항해사(?)의 수명을 두 배 연장시켰다." 라고 비유할 수 있을 것이다.

택시기하학과 시공간

좌표기하학으로 정의된 두 점 사이의 거리 즉, 선분 $\overline{AB}$의 길이는 유클리드가 생각한 완전평면 위에서의 이상적인 거리였다. 건물이 즐비한 도심에서 두 지점 사이의 이동 거리를 피타고라스 정리로 구하는 것은 현실성이 떨어진다. 도심에서는 바둑판처럼 가로, 세로로 짜여진 길을 따라 이동해야 하기 때문이다.

수학자 민코프스키$^{1864\sim1909\ 독일}$는 이를 뉴욕 맨해튼 도심에 빗대어 설명했다. 그림과 같은 맨해튼 도심에서 택시를 타고 이동할 때 두 점 A(a, b), B(c, d)사이의 거리는 절댓값으로 새롭게 정의될 수밖에 없었다.

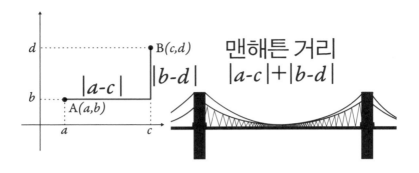

이 거리를 〈맨해튼 거리〉라고 하며 여기에서 뻗어나간 학문이 오늘날의 〈택시기하학〉이다. 택시기하학도 좌표를 기반으로 하기 때문에 좌표기하학의 일종이다.

또한 민코프스키는 좌표축이 4개인 〈민코프스키 시공간〉을 만들었는데, 시간과 공간은 연속적인 구조로 나타나며, 이 시공간에서 빛은 모든 관측자에게 동일한 속도로 나타난다. 민코프스키 시공간은 아인슈타인의 〈특수 상대성 이론〉의 기반이 된다.

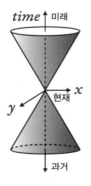

민코프스키 시공간

민코프스키는 아인슈타인을 물리학으로 끌어들인 일등 공신이었다. 물론 이 엄청난 일들은 데카르트의 좌표기하학 덕에 가능했다. 좌표기하학의 최대 업적은 미적분을 탄생시킨 것이다. 다음 단원이 미적분이다.

우주를 기술하는 새로운 언어
—
미분과 적분

데카르트에 의해, 대수 algebra와 기하 geometry가 만났다. 도형을 수식으로 풀어낼 수 있게 된 것이다. 하지만 이것만으로 우주의 운행 원리를 설명하기에는 부족했다. 물리학자들은 변화와 운동을 기술하기 위해, 새로운 언어를 만들었다. 이게 바로 미적분이다.

아르키메데스

미적분은 수학의 많은 분야 중 비교적 최신(?) 학문이다. 하지만, 그 아이디어는 약 2300년 전, 고대 그리스 시대에 '유레카', '지렛대' 등으로 유명한 이공계의 슈퍼스타 아르키메데스 BC287?~BC212? 그리스가

생각했다. 미분微分은 잘게 쪼개는 것이
며, 적분積分은 쪼개어 쌓는 것이다.

아르키메데스

반지름의 길이가 r인 원의 넓이를 생각해보자. 이 원을 중심각이 매우 작은 여러 개의 부채꼴로 쪼개어, 그 중 절반은 호가 위를 향하게 절반은 호가 아래로 향하게 지그재그로 붙이면 그 모양이 직사각형에 가까워진다.

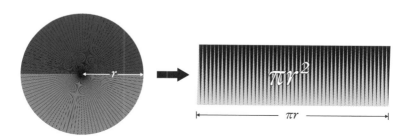

주어진 원의 둘레가 $2\pi r$이므로 원을 무한히 쪼개면 직사각형의 넓이는

$$\pi r \times r = \pi r^2$$

우리가 알고 있는 원의 넓이 공식이 탄생한다.

이와 같이, 도형의 넓이나 부피를 잘게 쪼개어 변형한 후, 그 극한 값limit으로 넓이나 부피를 구하는 방법을 〈구분구적법〉이라 한다. 기원전 250년 전후, 우리나라로 치면 고조선 시대에 활동했던 수학자가 무한소와 극한 개념을 알고 있었다는 게 놀랍다.

아르키메데스는 '구분구적법' 뿐만 아니라, 다양한 미적분의 아이디어 활용해 교과서에 나오는 다양한 도형의 넓이와 부피 공식을 만들었다.

우선, 밑면의 지름과 높이가 같은 원기둥에 내접하는 구와 원뿔에 대하여 세 도형의 부피의 비가 3:2:1임을 밝혔다.

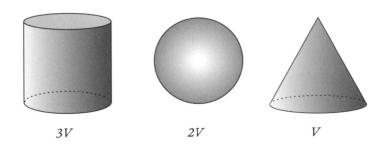

$3V$ $2V$ V

또한, 지름의 길이가 1인 원에 내접하는 정다각형과 외접하는 정다각형을 이용하여 원의 둘레의 길이(π)의 근삿값을 찾아냈다.

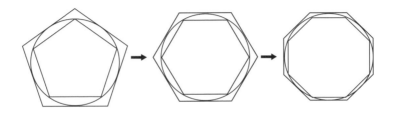

그림과 같이 다각형의 변의 개수가 많아질수록 정다각형의 둘레는 원의 둘레에 가까워지는데, 아르키메데스는 정 96각형을 이용해, $3\frac{10}{71} < \pi < 3\frac{1}{7}$ (3.1408 < π < 3.1429)라고 추정했다. 이 방법은 오늘날 〈샌드위치 이론〉이라는 것인데, 미적분에서 흔히 사용하는 도구로, 샌드위치를 프레스로 누르면 식빵 두 장이 한 장의 종이가 되는데, 식빵 사이에 있던 계란후라이도 같은 종이에 포개진다는 뜻이다.

샌드위치 이론

세 수열 a_n, b_n, c_n에 대하여 $a_n < b_n < c_n$이 성립할 때,
$\lim\limits_{n\to\infty}a_n = \lim\limits_{n\to\infty}c_n = \alpha$ 이면 $\lim\limits_{n\to\infty}b_n = \alpha$ 이다.

당시에는 종이와 아라비아 숫자, 특히 십진 소수가 없었다. 해안가 도시국가인 시라쿠사에 살던 아르키메데스가 모래 위에 큰 원을 그리고, 분수로 원주율 계산을 하는 영화 같은 장면을 상상해보자. 미적분의 아이디어가 태동하는 순간이었다.

프린키피아

중세 시대가 끝나가면서, 종교는 힘을 잃어가고 있었다. 흑사병은 아무리 기도해도 낫기는 커녕 유럽 전역으로 퍼져나갔고, 지동설 3대장

코페르니쿠스 | 케플러 | 갈릴레이

가 지구가 태양을 돈다고 주장하면서 종교적 우주관이 무너지고 있었다. 지구는 더 이상 우주의 중심이 아니었다.

망원경으로 목성의 위성을 발견하고, '피사의 자유낙하 실험'*으로 유명한 갈릴레이는 근대 물리학의 서막을 열었으며, 케플러는 행성의 운동 법칙을 발표했고, 데카르트는 좌표기하학으로 계산 혁명을 가져 왔으며, 우주는 꽉 찬 물질로 소용돌이친다는 〈기계적 우주론〉을 주장한다. 특히, 데카르트는 곡선 운동은 미세한 선분의 이동으로 보았는데, 딱 봐도 미분스런 생각이었다.

1642년 갈릴레이가 세상을 떠난 해에 바통터치 하듯 뉴턴이 태어난다.

포스트 잇

율리우스력 vs 그레고리력

〈율리우스력〉은 기원전 46년 고대 로마의 정치가 율리우스 카이사르가 제정한 역법으로 당시 모든 길은 로마로 통했으니, 한동안 모든 달력은 율리우스력으로 통했다. 〈그레고리력〉은 1582년 교황 그레고리오 13세가 제정한 역법으로, 스페인, 프랑스, 이탈리아 등은 그레고리력으로 바로 갈아탔으나, 영국은 두 세기 뒤인 1752년에 그레고리력으로 갈아탔다. 그레고리력은 율리우스력보다 10일이 빨라 많은 에피소드를 발생시켰다. 대표적인 사례가 뉴턴의 출생일인데, 율리우스력으로 1642년 12월 25일, 그레고리력으로 1643년 1월 4일이다.

호사가들은 영국이 아직 그레고리력을 적용하지 않았다는 이유로 뉴턴이 1642년생이라고 주장한다. 그렇게 해야, 갈릴레이와 바통 터치했고, 생일도 예수님과 같아지기 때문에 뉴턴을 포장하기가 좋다.

---

*갈릴레이는 '무게가 다른 두 물체가 동시에 떨어진다'는 사실을 수학적으로 알고 있었으며, 피사의 사탑에서 실제로 실험을 했다는 기록은 없다.

울즈소프라는 시골마을에서 태어난 아이작 뉴턴1642~1727 영국은 태어나기 직전에 아버지가 돌아가시고, 어머니가 재혼으로 출가하는 바람에 외로운 유년기를 보내며, 독서와 사색을 즐겼다. 19살(1661년)에 케임브리지 대학에 근로 장학생으로 합격하여 루카스 석좌교수였던 아이작 배로에게 인정받으며 승승장구한다. 하지만 졸업을 압둔 1665년, 영국에도 흑사병이 퍼져, 2년 간 강제 휴학을 당한다. 뉴턴은 고향 울즈소프에 내려가 관찰과 사색의 시간을 보내며 2년 간 놀라운 성과를 내는데…

빛의 본질 | 미적분 | 만유인력 | 역학 법칙

등의 개념을 정립한 것이다. 과학사에서는 뉴턴의 휴학 시절이었던 1665년~1666년과 아인슈타인이 엄청난 논문을 쏟아냈던 1905년을 묶어, 기적의 해라고 부른다.

이후 뉴턴은 왕립학회 정회원이 되어, 헬리혜성으로 유명한 에드먼드 헬리의 도움으로 『프린키피아』라는 역대급 과학서를 출간하는데, 오늘날 『유클리드 원론』과 함께 가장 위대한 과학서로 꼽힌다.

프린키피아의 풀 네이밍은 '자연철학의 수학적 원리Philosophiae Naturalis Principia Mathematica'인데, 행성의 운동, 태양계의 구조, 지구의 모양, 밀물과 썰물 등 자연의 운동 법칙을 수학적으로 서술한다.

놀랍게도 프린키피아의 서술 방식은 유클리드 원론과 흡사하다. 뉴턴은 질량, 힘 등 용어의 정의를 설명하는 것으로 시작하여, 운동에 관한 공리를 제시한다. 이것만 믿으면 자연의 운동을 설명할 수 있다는 자신감이었다.

> **[제1공리]** 외부에서 힘이 작용하지 않는 한, 정지해있는 물체는 정지해
> 있고, 등속 직선 운동을 하는 물체는 등속 직선 운동을 한다.

> **[제2공리]** 운동 상태가 변하는 정도는 물체에 가해진 힘의 크기에 비례
> 하며, 변하는 방향은 힘이 가해진 방향과 같다.

물체는 힘이 작용하지 않으면 자연스러운 상태를 유지하며, 힘이 작용하면 운동 상태가 변한다는 의미였다.

오늘날 이 공리들은 〈뉴턴의 운동 법칙〉이라고 부르며, [제1 공리]는 〈관성의 법칙〉, [제2공리]는 〈가속도의 법칙〉으로

$$F = ma^*$$

라는 아름다운 수식으로 표현된다.

본문으로 들어가 보면 놀랍게도 '프린키피아'는 그냥 수학책이다. 예를 들어, 케플러의 '타원 궤도 법칙'은 지구가 태양을 초점으로 하는 타원 궤도를 돈다는 법칙으로 관측 기록에 의한 것이었다. 하지만 뉴턴은 행성의 운동을 수학, 그것도 기하학으로 서술한다. 책을 열어보는 순간!

---

*F는 힘, m은 질량, a는 가속도

한 사람이 이걸 다 ?!!

경외심에 입을 다물 수 없다.

의외로 이 책은 좌표기하학과 미적분을 거의 사용하고 있지 않다. 다만, 물체의 운동을 구간으로 나누어 변화율을 설명하고 있다. 기호를 안 썼을 뿐, 미적분의 아이디어는 활용되었다. 뉴턴은 프린키피아 하나로, 과학계의 슈퍼스타가 되었으며 이후, 최고의 물리학자로 군림하며 물체의 운동을 합리적으로 서술하기 위해, 미적분을 만들어 사용한다.

라이프니츠 vs 뉴턴 ━━━━━

수학사의 가장 위대한 업적인 미적분의 발명자는 뉴턴! 하지만, 동시대에 라이프니츠^{1646~1716 독일}도 미적분을 만들었다. 라이프니츠는 1646년 독일의 라이프치히에서 태어났다. 유년 시절 라틴어와 철학에 눈을 떴고, 12살에 자신만의 기호로 세계 공용어를 만들겠다는 원대한 계획을 세웠으며 14살에 라이프치히 대학에 입학했다. 이후, 그의 관심사는 철학에서 기호논리학과 수학으로 넘어갔으며 수학 연구에 몰입하면서 사칙연산이 가능한 계산기와 미적분을 만들었다. 라이프니츠가 미적분을 발표하자, 뉴턴 측에서 표절 시비를 제기했다. 뉴턴이 먼저 만들었지만, 발표를 미루고 있었다는 것!

두 거장은 누가 미적분 원조인가를 두고 엄청난 다툼을 벌였으며, 이는 영국과 독일의 국가적 자존심 대결로 번진다. 1712년 영국 왕립

학회는 뉴턴의 편을 들어주었으나, 왕립학회 회장이 뉴턴이었기에 불 보듯 뻔한 결과였다. 라이프니츠는 이 때문에 매우 우울한 말년을 보 냈다고 한다.

뉴턴(좌), 라이프니츠(우)

오늘날 대체적인 결론은 이러하다.

아이디어는 뉴턴이 먼저 생각했다. 하지만, 라이프니츠의 미분이 수 학적으로 더 정교했다.
그런데, 아이디어로 따지면, 아르키메데스부터 데카르트까지 많은 선배들도 가지고 있었고 정교함으로 따지면, 해석학Analysis이 등장 하기 전까지 미적분은 아직 어린아이 수준이었다.

뉴턴의 미분 기호는 $\dot{y}$으로 라그랑주가 이를 y'으로 발전시켰으며, 라이프니츠의 미분 기호는 $\dfrac{dy}{dx}$이다. 오늘날, 고등학교 교과서에 나오는 미적분은 대체적으로 라이프니츠의 미적분이고, 후반부에 나오는 속도·가속도의 미적분이 뉴턴의 미적분에 가깝다. 라이프니츠는 그 래프의 변화율에 집중했고, 뉴턴은 물리학자답게 물체의 운동을 시간(t)에 관한 함수로 만들어 시간에 대한 변화율을 구했다. 두 거장이 각기 다른 방식으로 미적분을 만든 것이다.

※　　※　　※

1922년 미국의 사회학자 윌리엄 오그번은 '동시 발명'에 관한 논문을 발표했다. 이에 따르면 동시 발명은 시대적 필연이라는 것! 뉴턴과 라이프니츠의 미적분이 과학 혁명 시대에 필연적으로 탄생할 분위기 였다는 것이다. 그래서, 미적분을 싫어하는 학생들이 타임머신을 타고 뉴턴과 라이프니츠의 탄생을 막아보겠다고 하는데, 그래봤자 제3 의 인물이 미적분을 만들 것이기 때문에 수능 ~~킬러문항~~ 준킬러문항* 은 여전히 미적분일 것이다.

> **동시 발명(발견)의 히스토리**
>
> 수학(과학)에서 만들어진 위대한 이론들이 발명이냐, 발견이냐의 논쟁은 매우 오래되었고, 수시로 쟁점화된다. 자연에 존재하는 법칙이므로 발견 도 맞지만, 그 법칙에 기호와 알고리즘을 부여하는 행위는 발명으로 본다. 본 책에서는 발명으로 표현하기로 한다.

---

*2023년 6월, 교육부에서는 〈킬러문항〉 배제 정책을 발표한다. 하지만 같은 해 11월 실시된 실제 수 능에서는 소위 킬러틱한 〈준킬러문항〉이 출제되어 '불 수능'이라는 평가를 받았다.

뉴턴과 라이프니츠가 미적분을 동시에 발명한 것처럼 수학(과학)의 역사에서 동시 발명의 히스토리는 상당히 많다.

〈확률론〉 파스칼 + 페르마
〈에너지 보존 법칙〉 마이어 + 줄 + 콜딩 + 헬름홀츠
〈진화론의 자연선택설〉 찰스 다윈 + 알프레드 월리스
〈전화〉 엘리샤 그레이 + 그레이엄 벨
〈비행기〉 새뮤얼 랭글리 + 라이트 형제

불확실성에 도전하는
수학의 패기

11

의사는 왜
공식을 훔쳤을까
—
방정식과 군론

1535년 2월 22일 베네치아에 군중들이 몰려들었다.

피오르 vs 타르탈리아

두 수학자의 자존심이 걸린 결투를 구경하기 위해서였다.

결투에서 진 사람이 손모가지를 내주는 건 아니었지만 당시 '수학 문제 결투'는 승리하면 스타 수학자로 전국적 명성을 얻고 패배하면 업계에서 깔끔히 묻혀버리는 분위기였다. 결투 방식은 다음과 같았다.

> 두 사람이 각각 상대방에게
> 삼차방정식 문제 30문항을 내고
> 점수가 높은 사람이 승리한다.

결과는... 30:0 타르탈리아의 일방적 승리였다. 타르탈리아는 삼차방정식의 일반해(근의 공식)을 알고 있어 가볍게 이길 수 있었다. 그런데, 이게 뭐라고 군중들이 몰려들었다는 것인지, 오늘날 바둑을 둘 줄 모르는 사람이 꽤 많은데도 이세돌과 알파고의 대결(2016년 3월)이 세기의 관심을 끌었던 것과 비슷한 심리였을지도 모르겠다.

이번 에피소드는 방정식의 풀이에 도전하는 무모한(?) 수학자들의 이야기다.

일차·이차방정식

이번 단원은 수식의 압박이 좀 있으나, 수식보다는 맥락 위주로 읽기를 권한다. (수식 없이 줄글로 설명하는 것이 훨씬 지저분하다.)

일차방정식 $ax+b=0$의 해는 $x=-\dfrac{b}{a}$이다.

여기서 잠깐, 방정식이 뭔지 생각해보자.

인류는 수를 만들었고, 연산을 만들었다. 막 끝낸 연산의 경험은 답을 알려준다. 예를 들어 두 마리의 벼룩이 5배로 불어나고 세 마리가 죽으면 일곱 마리가 된다. 이를 연산으로 나타내면 $2 \times 5 - 3 = 7$이다.

문제를 바꾸어 보자. 두 마리의 벼룩이 몇 배 불어났을 때, 세 마리를 없애면 일곱 마리가 될까?

정답은 5배이다. 방금 경험했으니까! 하지만, 이 경험이 없다면 몇 배인지 바로 구할 수 없다. 그래서 수식이 필요하다. 벼룩이 x배 늘어

낳다고 하면

$$2x-3=7$$

x를 구하려면 유클리드 원론의 공리를 확장시키면 된다.

A＝B일 때, A＋C＝B＋C, A×C＝B×C

즉, 등식의 양변에 같은 수를 더하거나 곱해도 등식은 유지된다.

$2x-3=7$에서 양변에 3을 더하면 $2x=10$

양변에 $\frac{1}{2}$을 곱하면 $x=5$라는 해(근)을 얻는다.

이와 같이 방정식을 만족시키는 미지수(x)의 값을 방정식의 해(또는 근)라 하고, 해를 구하는 과정을 '방정식을 푼다'고 한다.

이 내용은 오늘날 중1 수준의 수학이라 쉽게 이해할 수 있지만 방정식의 발전은 경험 없이도 답을 낼 수 있게 해주었고, 심지어 일반해(계수가 문자일 때의 답)도 구할 수 있게 해주었다. 이게 바로, 수학이 자랑하는 선험적인 능력이다.

이 선험적 능력을 이용하면 일차방정식 $ax+b=0$의 해는 $x=-\frac{b}{a}$ 라는 것을 유도할 수 있다. 이러한 일차방정식의 일반해는 기원전, 아니 수천 년 전에도 당연히 알고 있었을 것으로 추정된다. 더 난이도 높은 이차방정식도 그 풀이가 기원전 바빌론의 점토판에 기록되어있다.

이차방정식 $ax^2+bx+c=0$의 해는 인수분해하면, 두 일차방정식으로 분해할 수 있으며 인수분해가 어려운 경우, 완전제곱식으로 고쳐서 푼다.

예를 들어 방정식 $2x^2-4x-8=0$을 풀어보자.

양변을 2로 나누면 $x^2-2x-4=0$

제곱식으로 고치면 $(x-1)^2=5$이므로 $x-1=\pm\sqrt{5}$

따라서 $x=1\pm\sqrt{5}$라는 해를 구할 수 있다.

이를 일반화하면 근의 공식이 탄생한다. (독자분들도 해보길 바란다.)

근의 공식 $ax^2+bx+c=0$에서 $x=\dfrac{-b\pm\sqrt{b^2-4ac}}{2a}$

'방정식의 아버지'로는 디오판토스[246?~330? 그리스]가 꼽힌다. 디오판토스는 3세기 후반에 이집트 알렉산드리아에서 활동한 수학자로 『산술』이라는 책의 저자이기도 하다. 이 분의 출생과 사망 연도는 불분명하나 84세에 사망한 것은 확실해 보인다.

방정식의 아버지답게 자신의 묘비에 재미있는 문제를 남겼기 때문이다.

디오판토스의 묘비문

그는 일생의 $\dfrac{1}{6}$을 소년으로, $\dfrac{1}{12}$을 성년으로 살았으며 $\dfrac{1}{7}$이 지나 결혼했다. 결혼 후 5년 후에 낳은 아들은 아버지 나이의 꼭 절반을 살았고, 아들이 죽은지 4년 뒤에 그는 세상을 떠났다. 그는 몇 살까지 살았는가?

이 방정식을 풀어보자. 디오판토스가 사망한 나이를 x라 할 때,

$$\frac{1}{6}x+\frac{1}{12}x+\frac{1}{7}x+5+\frac{1}{2}x+4=x$$

계수가 복잡하지만, 일차방정식에 불과하며 이를 풀면 $x=84$, 디오판토스는 84세까지 살았다는 것을 알 수 있다.

방정식의 아버지 디오판토스

대수학의 아버지 알콰리즈미

포스트 잇

수학자들의 묘비문

"시인 기질이 없는 수학자는 진정한 수학자가 아니다" 수학자 칼 바이어슈트라스의 명언이다. 수학자들은 마치 한 편의 시처럼 자신의 묘비에 특이한 글귀나 도형을 남겼다.

디오판토스	자신이 사망한 나이를 묻는 방정식 문제 (방정식의 아버지임을 기리는 문제)
아르키메데스	원기둥과 이에 내접하는 구 (로마의 장군 마르켈루스가 그를 기리며 새김)
야곱 베르누이	피보나치 나선을 그려달라고 말했으나 이를 잘못 이해한 석공이 모기향 모양으로 새김
가우스	정십칠각형을 상징하는 17개의 날개를 가진 별 (17세에 정십칠각형의 작도에 성공한 업적을 기림)
힐베르트	우리는 알아야만 한다. 우리는 알게 될 것이다. (현대수학의 선장으로서 했던 연설)

방정식의 아버지가 디오판토스라면 방정식의 삼촌쯤 되는 사람은 수학자 알콰리즈미780?~850? 페르시아이다. 알콰리즈미는 이차방정식의 근의 공식을 공식적으로 사용했다. 물론 언급한 바와 같이 기원전 바빌론 시대에도 풀이법은 있었다. 다만, 60진법을 쓰던 시대였고, 계수의 조건이 조금 달랐다. 알콰리즈미는 오늘날 '알고리즘algorithm'의 어원이며, 그의 저서명에서 따온 알자바al-jabr라는 표현은 오늘날 '앨지브라algebra'(대수학)의 어원이 되었다. '방정식의 삼촌'은 디오판토스와 구분을 위해 필자가 임의로 붙인 것이고, 알콰리즈미의 공식 직함은 '대수학의 아버지'다.

삼차·사차방정식 ━━━━━━━

서두에 언급한 베네치아 결투의 승자, 타르탈리아1499~1557 이탈리아는 '말더듬이'를 뜻하는 별명이다. 그의 본명은 니콜로 폰타나였다. 6살이 되던 해, 폰타나는 프랑스 군대의 침공으로 아버지를 잃게 된다. 그로부터 6년 후(12살), 진군하는 프랑스 군인들에게 복수심이 폭발한 니콜로는 돌을 던지며 욕을 했다. 하지만, 화가 난 프랑스 군인에게 니콜로는 무자비한 폭행을 당해 중상을 입는다. 어머니의 극진한 간호로 겨우 생명은 건졌지만, 니콜로는 부상 후유증으로 말더듬이, 즉 타르탈리아라는 별명을 지니게 된다. 이후 타르탈리아는 아버지 없이, 가난과 장애의 고통 속에 유년기를 보냈지만 피나는 노력으로 수학을 공부하여 스물 후반의 나이에 베네치아의 수학 교수가 된다. 또한. 피오르와의 결투에서 압승하면서 수학자로서 명성이 높아졌다.

타르탈리아가 삼차방정식의 일반해를 알아냈다는 소문이 업계에 퍼져나갔다.

타르탈리아(좌), 카르다노(우)

당시 유명한 의사이자 수학자였던 카르다노1501~1576 이탈리아는 지적 호기심이 넘치는 사람이었다. 카르다노는 타르탈리아에게 접근했다.

"선생님, 맹세코 발설하지 않을테니, 삼차방정식의 일반해를 알려주시지요."

타르탈리아는 거절했지만, 극진한 접대를 받으며 마음이 흔들렸고, 카르다노의 사회적 지위를 믿고 간단한 핵심과 힌트를 알려준다.

삼차방정식 $ax^3+bx^2+cx+d=0$의 일반해(근의 공식)을 구하는 핵심은 다음과 같다.

(느낌으로 읽고 넘어가도 된다.)

삼차방정식의 양변을 a로 나누면 $x^3+px^2+qx+r=0$의 꼴이 된다.

x자리에 $x-\dfrac{p}{3}$를 대입하면 이차항의 계수가 없어지며 $x^3+mx+n=0$의 꼴이 된다.

다시 적당한 k를 선택하여 x자리에 $t-\dfrac{k}{t}$를 대입하면 $t^6+vt^3+w=0$의 꼴이 된다.

　　예) $x^3+3x+1=0$의 t자리에 $t-\dfrac{1}{t}$ 을 대입하면 $t^6+t^3-1=0$

여기에서 t^3을 구하면 t를 구할 수 있고 x를 구할 수 있다.

비슷한 방식으로 사차방정식 $ax^4+bx^3+cx^2+dx+e=0$의 일반해는

양변을 a로 나누면 $x^4+px^3+qx^2+rx+s=0$의 꼴이 되고

x자리에 $x-\dfrac{p}{4}$를 대입하면 삼차항의 계수가 없어지며 $x^4+lx^2+mx+n=0$의 꼴이 되는 것을 이용하면 된다.

타르탈리아가 완벽한 일반해를 알려준 것은 아니지만 카르다노 역시 삼차방정식의 일반해를 구하는데 성공한다. 평생 258권의 책을 저술한 열정적인 프로 집필러였던 카르다노는 삼차방정식의 일반해와 제자 페라리가 만든 사차방정식의 일반해를 1545년 자신이 만든 수학책 『위대한 술법Ars magna』에 발표해버린다. 책에 타르탈리아의 이름은 언급했지만, 발설하지 않겠다는 약속을 지킬 생각은 없었다.

책을 보게 된 타르탈리아는 분노를 참을 수 없어 카르다노에게 격렬한 항의 편지를 보내지만, 카르다노는 제자 페라리에게 답장을 하라고 시킨다.

"존경하는 폰타나(타르탈리아) 선생님, 사부님(카르다노)께서 몸이 안 좋으셔서... 대신, 저랑 수학 결투를 하시겠습니까?"

"카르다노 이 놈이!!!"

자신의 노력을 빼앗긴 타르탈리아는 피가 거꾸로 솟구쳤지만, 명예 회복과 새로운 교수직을 얻기 위해, 결투를 수락했다. 하지만, 사차방정식까지 풀 수 있었던 페라리에게 타르탈리아는 KO패를 당하고 만다. 이를 계기로 타르탈리아는 세상에 묻히게 되고 비탄과 울분 속에 카르다노를 저주하며, 1557년 세상을 떠나게 된다.

오늘날 삼차방정식의 일반해는 카르다노의 해법으로 불린다. 수학자들의 자존심을 건 '삼차방정식 대혈투'의 승자(?)는 카르다노였다.

오차방정식과 군론 ━━━━━━━

'삼차방정식 대혈투'가 끝나고 삼차방정식과 사차방정식의 일반해가 널리 알려지면서 이제 수학자들의 관심사는 오차방정식으로 넘어갔다. 이후 300년 가까이 많은 수학자들이 오차방정식의 일반해에 도전하지만 100전 100패! 시간이 흘러 19세기 초, 아벨과 갈루아라는 두 젊은 천재가 혜성처럼 등장한다.

"혹시, 오차방정식의 일반해가 없는 게 아닐까?"

이들은 역발상을 통해, 새로운 해결책을 찾아나간다.

아벨(좌), 갈루아(우)

첫 번째 주인공은 노르웨이의 아벨¹⁸⁰²~¹⁸²⁹이다.

창세기에 등장하는 아벨처럼, 수학자 아벨의 삶은 불행의 연속이었다.

포스트 잇

창세기 속의 카인과 아벨

창세기에 등장하는 인류 최초의 커플, 아담과 하와는 두 아들 카인과 아벨을 둔다. 형이었던 카인은 하나님이 아벨의 제물만 받자, 질투가 폭발하여 아벨을 죽인다. 카인은 인류 최초의 살인자, 아벨은 인류 최초의 희생양이었다.

1802년 아벨은 노르웨이 오슬로 근교에서 가난한 목사의 아들로

태어났다. 10대가 되면서 수학에 두각을 나타냈지만, 아버지가 세상을 떠나고, 수학을 접어야 할 만큼 어려운 환경에 처한다. 하지만, 홀름보에라는 수학샘이 아벨의 재능을 알아보고 무료 개인 교습을 해줄 만큼 아벨을 지원해주었다. 이에 보답하듯 아벨은 오슬로 대학에 진학하여 조기 졸업했으며, 수학 선진국이었던 프랑스와 독일로 유학길에 오른다. 아벨에게는 사랑하는 연인 크리스틴이 있었는데, 성공하고 돌아올 것을 약속한다.

유학 중에 아벨은 수학 저널에 '오차방정식의 일반해가 없음'을 발표했으나 인쇄량이 부족하여 널리 퍼지지 못한다. 또한, 아벨은 건강을 해쳐가며 연구한 논문을 프랑스의 르장드르와 코시, 독일의 가우스에게 전달했지만, 르장드르는 논문의 내용을 잘 이해하지 못했고, 코시와 가우스는 쏟아지는 젊은 수학자들의 논문에 치어, 아벨의 논문을 제대로 검토하지 못했다.

아벨은 크리스틴과의 안정된 미래를 위해 교수직을 얻으려 사방팔방으로 노크했지만, 답이 없었고, 지병이었던 결핵이 악화되어 큰 성과 없이 노르웨이로 유턴하게 된다. 이후, 아벨의 건강은 극도로 악화되었고, 1829년 4월, 크리스틴의 품에서 27세의 꽃다운 나이에 세상을 떠났다. 이틀 후 아벨에게 편지가 도착한다. 베를린 대학에서 보낸 교수직 임용통지서였다.

아벨의 업적은 10년 후, 홀름보에 샘에 의해 『아벨 전집』으로 발간되어 오차방정식 뿐만 아니라 '아벨 변환' '아벨 적분' '아벨 판정법' '타원함수'등 아벨의 위대한 업적들이 세상에 알려지게 된다. 노르웨이 정부는 2002년 아벨 탄생 200주년 기념으로 〈아벨상〉을 제정하여

2003년부터 매년 수여하고 있다. 아벨상은 오늘날 필즈메달과 함께 수학 분야의 가장 권위 있는 상이다. 불행의 아이콘 아벨은 부와 명예, 건강, 결혼... 아무 것도 이루지 못했지만, 아벨상으로 누구보다 명예롭게 부활했다.

※　　※　　※

두 번째 주인공은 프랑스의 갈루아1811~1832이다. 그가 살던 시기는 프랑스 대혁명 이후,

나폴레옹 | 7월 혁명

으로 상징되는 정치적 격변기였다. 갈루아는 파리 근교의 부르라렌 시에서 그것도 시장님의 아들로 유복하게 태어났다. 어렸을 때부터 수학 신동이었던 갈루아는 15살에 르장드르의 『기하학 원론』을 이틀 만에 독파했다고 전해진다. 하지만 갈루아는 수학을 제외한 다른 과목은 낙제 수준이었고 동급생이나 실력이 없는 교사를 무시하며 표현이 서툴고 공격적이었다.

당시 갈루아의 목표는
(1) 최고의 대학, 에콜 폴리테크니크에 진학하는 것
(2) 코시, 가우스와 같은 최고의 수학자들과 교류하는 것
두 가지였다.

1828년, 갈루아는 에콜 폴리테크니크의 입학시험에서 수학 아닌

다른 과목을 망쳐, 시원하게 떨어졌고 갈루아는 이를 악물고 재수를 준비한다. 또한 자신의 실력을 입증하기 위해, 월클 수학자 코시에게 '오차방정식의 해법'에 대한 논문을 보냈지만, 코시는 아이디어는 좋으나 체계적인 설명이 부족하다는 이유로 심사를 보류한다.

1829년, 재수 입학 시험을 일주일 앞두고, 공화주의자였던 아버지가 정치적 음모로 인해 자살하는 사건이 발생하고 피가 거꾸로 솟구친 갈루아는 급진 공화주의자가 된다. 입학 시험에 응시하긴 했지만, 갈루아는 온전한 멘탈이 아니었고, 면접관의 "왜 그렇죠?"라는 질문에

"당연한 거 아닙니까!"

라는 말만 반복하다가 화를 못 이기고 면접관에게 칠판 지우개를 던졌으니, 또 낙방할 수밖에 없었다. 이후, 갈루아는 재수까지만 허용되는 '에콜 폴리테크니크' 대신, 예비 학교인 '에콜 프레파라투아'에 진학한다.

이듬해, 1830년 프랑스에는 7월 혁명이 발발했다. 교장샘은 학생들에게 시위 참여 금지를 명령하지만 갈루아는 신문에 교장샘을 비난하는 기고를 올리고 이를 계기로 시원하게 퇴학당했으며, 내친김에 급진적인 사회 운동을 하다가, 이듬해(1831년) 투옥된다.

예술가에게 감옥은 특별한 상상의 공간이었다. 이곳에서 갈루아는 '5차 이상 다항방정식의 일반해가 없음'을 〈군 Group〉이라는 개념을 도입하여 설명하였으며 이는 〈군론 Group Theory〉으로 진화한다. 군론

은 대칭의 아름다움을 찾는 대수학algebra의 한 분야이다.

한편, 수학자 중 GOAT*로 통하는 가우스는 n차 방정식n은 자연수의 복소수 해가 n개라는 〈대수학의 기본정리〉를 증명했다. 이에 따르면

삼차방정식의 근은 x_1, x_2, x_3 세 개

사차방정식의 근은 x_1, x_2, x_3, x_4 네 개

오차방정식의 근은 x_1, x_2, x_3, x_4, x_5 다섯 개

가 된다. 갈루아는 세 수와 네 수에는 있지만 다섯 수에는 없는 성질을 발견하고 마는데... 이게 바로

대칭성이다

갈루아는 n차 방정식의 n개의 해의 순서를 재배치하는 모든 방법을 S_n이라는 〈대칭군symmetric group〉이라 하고 S_2, S_3, S_4는 해가 가능한 〈가해군solvable group〉, $S_5, S_6, S_7, \cdots$ 은 〈가해군〉이 아님을 보인다. 이는 5차 이상의 방정식은 일반해를 가질 수 없음을 의미했다. 갈루아의 군론은 수학사에서 손꼽히는 혁명적 발상이었다.

❋   ❋   ❋

1832년 봄, 파리에 콜레라가 유행하자 정부는 수감자들을 병원으로 이송하였으며, 갈루아는 병원에서 의사샘의 딸인 스테파니에게 사

---

*Greatest Of All Time의 약자

랑에 빠졌지만, 스테파니는 받아주지 않았다. 같은 해 5월 30일, 갈루아는 의문의 사내와 시비가 붙어 다음날 새벽 시간으로 결투를 예약했다. 죽음을 직감한 갈루아는 절친이었던 슈발리에게 그동안 만든 이론들을 방학 숙제 몰아서 하듯 넘겨주며, 유언을 남긴다.

"훗날 이 깊은 내용을 이해하여 큰 혜택을 누리는 사람이 있길 바라네"

불행한 예감은 어김없이 적중한다. 갈루아는 새벽의 결투에서 총알을 맞고 끝내 사망했다. 이 결투는 스테파니를 둘러싼 두 남자의 승부였다는 썰과 정치적 음모에 의한 사고였다는 썰로 나누어진다.

훗날, 갈루아의 오차방정식과 군에 대한 연구는 〈추상대수학abstract algebra〉에 불을 붙였으며, 군론이 없었다면 〈페르마의 마지막 정리〉는 증명되지 않았을 것이다.

오늘날 군론은 음악, 미술은 물론 물리학, 화학에서도 대칭 구조를 다룰 때 사용된다. 대칭의 아름다움을 느껴본 사람은 많지만, 갈루아 덕에 '대칭'이 수학 안으로 깊숙이 들어와 엄청난 성과를 낼 수 있었다는 사실을 아는 사람은 많지 않다. 다시 말해, 갈루아가 없었다면, 대칭을 소재로 하는 많은 예술품과 과학적 성과는 미미했을 것이다.

요절한 수학자들

수학계에는 너무 일찍 떠난 별들이 많다. 갈루아(21세), 아벨(27세), 라마누잔(33세), 파스칼(39세), 리만(40세)에 세상을 떠났다. 만약, 이 분들이 오일러(76세)나 가우스(78세)처럼 충분히 살았다면, 어떻게 되었을까? 많은 사람들은 수학자의 랭킹은 물론 세상이 더 많이 바뀌었을 거라고 말한다.

하지만, 라마누잔을 육성했던 수학자 하디는
  "대부분의 수학자는 40살 이전에 아이디어를 냈다"
라고 주장한다.
그래서 40세로 나이 제한을 가진 수학의 노벨상 '필즈메달'에 나이 제한을 풀어도 별 차이가 없을 것이라는 의견도 있다. 얼마나 사는가보다, 어떻게 사는가가 중요할 것이다.

세상에서
제일 아름다운 공식

—

테일러 급수와
오일러 공식

이번 단원도 앞 단원처럼 수식의 압박이 있다. 고등학교 수준의 미분에 대한 기초 지식이 필요하지만, 수식은 가볍게 느낌만 따라가 보자. 대학 시절 하나도 못 알아듣겠는데, 느낌으로 빠져드는 재미있는 문학 수업이 있었다. 그때를 생각하며 이 단원을 집필했다.

특히, 〈테일러 급수〉, 〈오일러 공식〉은 한마디로 미적분의 꽃이다. 이들을 빼면 미적분이 아니다.

가보자고!!

고등 교과과정에서 함수를 분류하면 〈대수함수〉와 〈초월함수〉로 나누어진다.

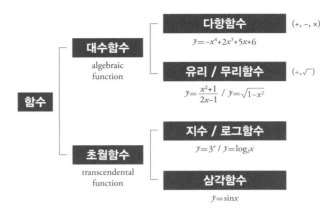

대수함수
algebraic
function

다항함수 $(+, -, \times)$
$y = -x^4 + 2x^3 + 5x + 6$

유리 / 무리함수 $(\div, \sqrt{\ })$
$y = \dfrac{x^2+1}{2x-1}$ / $y = \sqrt{1-x^2}$

함수

초월함수
transcendental
function

지수 / 로그함수
$y = 3^x$ / $y = \log_2 x$

삼각함수
$y = \sin x$

대수함수는 연산으로 만들어진 함수로 덧셈, 뺄셈, 곱셈으로 만든 다항함수와 분수와 루트를 허락하는 유리·무리함수가 있다. 초월함수는 감히 연산으로는 만들 수 없는 연산을 초월한 함수로 지수함수, 로그함수, 삼각함수 등이 있다.

비유하자면, 대수함수가 인간이 만든 지상의 함수라면, 초월함수는 신이 빚은 천상의 함수 격이다. 그러다 보니 미적분이 탄생하기 전에

는 지상(대수함수)에서 천상(초월함수)은 감히 바라볼 수도 없었다. 그런데, 미적분을 만든 뉴턴의 후계자 중 한 명인 브룩 테일러1685~1731 영국가 나타나 초월함수를 다항함수로 만들어버렸다. 이게 바로 〈테일러 급수〉다.

브룩 테일러

테일러 급수

고등과정 문제집에서 흔히 보이는 '삼차함수의 계수의 부호' 문제를 생각해보자.

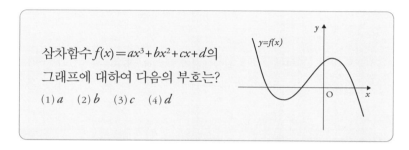

삼차함수 $f(x)=ax^3+bx^2+cx+d$의 그래프에 대하여 다음의 부호는?

(1) a (2) b (3) c (4) d

$y=f(x)$

다항식 $f(x)$를 계속 미분하면서 $x=0$을 대입해나가면 놀라운 사실을 발견할 수 있다.

$d=f(0)$, $c=f'(0)$, $b=\dfrac{f''(0)}{2}$, $a=\dfrac{f'''(0)}{6}$ 가 된다. $f(0)$, $f'(0)$, $f''(0)$, … 의 기하학적 의미를 활용하면, 답을 찾을 수 있다.

답 (1) $a<0$ (2) $b<0$ (3) $c>0$ (4) $d>0$

이 흔한 고등학교 문제에서 위대한 통찰이 나온다.

만약, 함수 $f(x)$가 실수 전체에서 무한히 미분가능하다면

$$f(x)=a_0+a_1x+a_2x^2+a_3x^3+\cdots$$

$f(x)$를 무한 차수의 다항식(무한급수)으로 나타낼 수 있으며 계수들은 $f(0)$, $f'(0)$, $f''(0)$, $f'''(0)$, … 으로 계속 만들어 낼 수가 있다. 미분가능이라는 것은 그래프가 매끄럽고 연속이라는 뜻이다. 다시 말

해, 특이점(꺾인 점, 끊긴 점, 구멍난 점)이 없다는 것이다.

실수 전체에서 무한히 미분가능한 함수는

다/싸/코/지

다항함수, **싸**인함수, **코**싸인함수, **지**수함수 등이 있다. 필자는 수업 시간에

"제주도에는 **섭/지/코/지**가 함수 나라에는 **다/싸/코/지**가 있다."

라고 알려주기도 한다.

⟨테일러 급수⟩는 다음과 같다.

테일러 급수
함수 $f(x)$가 $x=a$에서 무한히 미분가능할 때,

$$f(x)=f(a)+f'(a)(x-a)+\frac{f''(a)}{2!}(x-a)^2+\frac{f'''(a)}{3!}(x-a)^3+\cdots$$

여기에 후배 수학자 매클로린은 $a=0$을 대입하여 테일러 급수의 특수버전 ⟨매클로린 급수⟩를 만들어 낸다.

매클로린 급수
함수 $f(x)$가 $x=0$에서 무한히 미분가능할 때,

$$f(x)=f(0)+f'(0)x+\frac{f''(0)}{2!}x^2+\frac{f'''(0)}{3!}x^3+\cdots$$

이제 다/싸/코/지 함수들의 미분 공식만 안다면, 우변을 채워넣을 수 있다.

$$f(x)=f(0)+f'(0)x+\frac{f''(0)}{2!}x^2+\frac{f'''(0)}{3!}x^3 \cdots \text{ 에서}$$

❶ $e^x=1+x+\dfrac{1}{2!}x^2+\dfrac{1}{3!}x^3+\dfrac{1}{4!}x^4+\dfrac{1}{5!}x^5+\dfrac{1}{6!}x^6+ \cdots$

❷ $\sin x=x-\dfrac{1}{3!}x^3+\dfrac{1}{5!}x^5-\dfrac{1}{7!}x^7+\dfrac{1}{9!}x^9-\dfrac{1}{11!}x^{11}+ \cdots$

❸ $\cos x=1-\dfrac{1}{2!}x^2+\dfrac{1}{4!}x^4-\dfrac{1}{6!}x^6+\dfrac{1}{8!}x^8-\dfrac{1}{10!}x^{10}+ \cdots$

이야, 천상의 함수가
지상으로 내려오게 된 것이다!

또한 테일러 급수의 기하학적 의미는 $f(x)$의 우변을 상수항부터 n차항까지 끊었을 때, n이 커질수록 $f(x)$와 n차함수의 그래프가 가까워진다는 뜻이며 n이 무한대로 가면 실제 곡선과 거의 포개어진다는 뜻이다.

예를 들어, 지수함수 $y=e^x$의 테일러 급수(매클로린 급수)

$$e^x=1+x+\frac{1}{2!}x^2+\frac{1}{3!}x^3+\frac{1}{4!}x^4+\frac{1}{5!}x^5+ \cdots$$

에서 n을 1부터 키우면서 우변의 그래프를 그려나가면

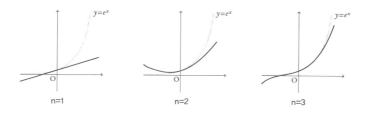

n=1   n=2   n=3

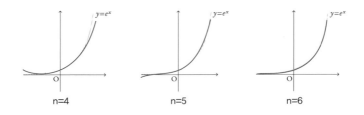

| n=4 | n=5 | n=6 |

$n=6$ 정도만 되어도 거의 지수함수 $y=e^x$의 그래프와 포개어진 것처럼 육안으로 구분하기 어렵다.

테일러 이후 많은 수학자들은 다양한 함수를 연결하는 시도를 했는데, 마침내 함수 통합의 결정판 〈오일러 공식〉이 이 탄생하게 된다.

오일러 공식

1707년 스위스 바젤에서 천재 수학자 오일러1707~1783스위스가 태어났다. 오일러는 '최고의 수학자'로 가우스와 함께 거론되는 인물이다. 28세에 과로로 오른쪽 눈을 실명하게 되며, 64세에는 남은 눈마저 실명했지만, 76세에 생을 마감하는 순간까지, 866편의 역대급 논문들을 발표했다.

바젤 문제*, 한붓그리기, 다면체 공식, 오일러 상수, 오일러 곱셈공

---

* $\sum_{n=1}^{\infty} \frac{1}{n^2} = \frac{1}{1^2} + \frac{1}{2^2} + \frac{1}{3^2} + \frac{1}{4^2} + \cdots$ 스위스 바젤대학에서 유행했던 제곱수의 역수의 무한합을 구하는 문제

식은 물론 교과서의 웬만한 기호들은 오일러가 만들거나 퍼트렸다.

$$\sin, \cos, \tan, \pi, f(x), \Sigma, e, i$$

오일러는 수학뿐만 아니라, 천문학, 광학, 전자기학, 유체역학, 건축공학, 음향악, 논리학 등등 다방면에 방대한 업적을 남겼다. 미국의 수학자 클리포드 트루스델은 "18세기 수학, 과학의 $\frac{1}{4}$은 오일러가 집필했다." 라고 말했을 정도다.

이러한 오일러를 과학사의 가장 창조적인 천재로 각인시킨 작품은 수학을 대표하는 다섯 수의 교향곡 〈오일러 공식〉이었다.

| 1 | 0 | i | π | e |

$$e^{i\pi} + 1 = 0$$

"아니, 이게 참이라고?" 눈을 의심하게 하는 공식이다. 트럼프의 포커 게임에서 '로열 스트레이트 플러시'는 무늬가 같은 5장의 카드가 10번부터 연속되는 것으로 그 확률은 무려

$$\frac{1}{_{52}C_5} = \frac{1}{650,000}$$

영화 속 카드 게임의 타짜도 평생 한 번 만나기 어려운 확률이다. 오일러 공식은 서로 전혀 관련 없을 것 같은 다섯 수의 조합으로 오일러가 로열 스트레이트 플러시보다 수억 배는 어려운 슈퍼울트라 잭팟을 터트린 격이다.

레온하르트 오일러

※　　※　　※

오일러 공식을 이루는 다섯 개의 위대한 수

$$1, 0, \pi, i, e$$

를 알아보자.

> ### 1

1은 자연수를 만드는 블록(단위)이다. 즉, 모든 자연수는 1로 만들 수 있다.

> ### 0

인류는 무無, 즉 비어있음을 0이라는 수로 인식했다. 동양철학에 음양陰陽이 있듯이 수학자들은 0에 반사된 양수의 그림자, 음수를 만들어냈다. 자산이 0원인 사람이 돈을 벌면 양, 빚이 생기면 음, 온도가 0

도에서 올라가면 양(영상), 내려가면 음(영하)이라는 개념이 생기게 된 것이다. 한편, 0의 등장은 아라비아 숫자의 위치기수법을 발전시키는데 위치기수법이 없었다면

　　　　1200과 1020, 1002

를 구분하기 어려웠을 것이다.

π

원주율 π는 무리수와 도형의 상징이다. 지름의 길이가 1인 원의 둘레의 길이는

$$3.14159265\cdots$$

규칙도 끝도 없는 이 무리수는 오일러에 의해 π로 불리게 되었다.

i

허수 단위 i는 복소수의 상징이다. 생각의 천재 데카르트는 이를 상상의 수imaginary number 즉 허수라고 불렀다. 수학자들은 imaginary의 이니셜 i를 따서 제곱하면 -1이 되는 수를 $i(=\sqrt{-1})$라고 이름 짓고, 두 실수 a, b와 i를 결합시켜 복소수 $a+bi$를 만들었다. 양자역학의 상징, 슈뢰딩거 방정식에는 허수 i가 들어있으며, 스티븐 호킹은 『시간의 역사』에서 우주의 탄생 이전의 시간은 허수로 설명된다고 말한다. i가 없었다면, 현대물리학은 여전히 뉴턴 시대에 머물러 있었을 것이다.

e

자연상수 e는 변화를 나타내는 상수로

$$e = \lim_{x \to 0} (1+x)^{\frac{1}{x}} = \lim_{x \to \infty} \left(1 + \frac{1}{x}\right)^x$$

으로 정의되며 π와 마찬가지로 $e = 2.718281\cdots$ 순환하지 않는 무한 소수, 무리수이다.

고등수학의 공통 과정에서는 밑이 10인 상용로그를 주로 사용하지만

$\log_{10}x$ **표현▶** $\log x$

이과 미적분에서는 밑이 e인 자연로그를 주로 사용한다.

$\log_{e}x$ **표현▶** $\ln x$

이와 같이 자연상수 e는 초월함수와 미적분을 상징하는 수다.

자연 과학의 어떤 분야도, 이 다섯 수

$$1, 0, \pi, i, e$$

를 피해갈 수 없다.

※　　　※　　　※

오일러는 이 다섯 수로 어떻게 잭팟을 터트렸을까?

'오일러 공식'을 설명하는 방법은 여러 가지가 있지만, 앞에서 언급한 '테일러 급수'를 이용해보자.

지수함수, 사인함수, 코사인함수의 테일러 급수(매클로린 급수)는 다음과 같았다.

$$f(x) = f(0) + f'(0)x + \frac{f''(0)}{2!}x^2 + \frac{f'''(0)}{3!}x^3 + \cdots$$

㉠ $e^x = 1 + x + \frac{1}{2!}x^2 + \frac{1}{3!}x^3 + \frac{1}{4!}x^4 + \frac{1}{5!}x^5 + \frac{1}{6!}x^6 + \cdots$

ⓛ $\sin x = x - \dfrac{1}{3!} x^3 + \dfrac{1}{5!} x^5 - \dfrac{1}{7!} x^7 + \dfrac{1}{9!} x^9 - \dfrac{1}{11!} x^{11} + \cdots$

ⓒ $\cos x = 1 - \dfrac{1}{2!} x^2 + \dfrac{1}{4!} x^4 - \dfrac{1}{6!} x^6 + \dfrac{1}{8!} x^8 - \dfrac{1}{10!} x^{10} + \cdots$

㉠에서 x에 ix를 대입하면

> **참고** $i^2 = -1,\ i^3 = -i,\ i^4 = 1,\ i^5 = i,\ i^6 = -1,\ i^7 = -i,\ \cdots$

$$e^{ix} = 1 + ix + \dfrac{1}{2!} (ix)^2 + \dfrac{1}{3!} (ix)^3 + \dfrac{1}{4!} (ix)^4 + \dfrac{1}{5!} (ix)^5 + \dfrac{1}{6!} (ix)^6 + \cdots$$

$$= 1 + ix - \dfrac{1}{2!} x^2 - i\dfrac{1}{3!} x^3 + \dfrac{1}{4!} x^4 + i\dfrac{1}{5!} x^5 - \dfrac{1}{6!} x^6 \cdots$$

$$= \left(1 - \dfrac{1}{2!} x^2 + \dfrac{1}{4!} x^4 - \dfrac{1}{6!} x^6 + \dfrac{1}{8!} x^8 - \dfrac{1}{10!} x^{10} + \cdots\right)$$

$$+ i\left(x - \dfrac{1}{3!} x^3 + \dfrac{1}{5!} x^5 - \dfrac{1}{7!} x^7 + \dfrac{1}{9!} x^9 - \dfrac{1}{11!} x^{11} + \cdots\right)$$

$$= \cos x + i\sin x \ \Longleftarrow\ ⓒ + i ⓛ$$

지수함수와 삼각함수를 통합해버린

오일러 항등식
$$e^{ix} = \cos x + i\sin x$$

이 탄생하게 되는데, 이 항등식에 $x = \pi$를 대입하면

$$e^{i\pi} = \cos\pi + i\sin\pi = -1$$

$$e^{i\pi} + 1 = 0$$
오 일 러 공 식

바바바밥바밤!!

수학을 잘 모르는 사람도, 이 아름다운 수식에 환호성을 지르게 된다. 20세기 최고의 물리학자 리처드 파인만은 오일러 공식을 수학의 가장 빛나는 보석이라 극찬했으며, 1988년 미국의 수학잡지 『매스매티컬 인텔리전서Mathematical Intelligencer』는 〈피타고라스 정리〉, 〈이차방정식의 근의 공식〉 등 쟁쟁한 공식 24개를 최종 후보로 올리고 2년이라는 투표 대장정 끝에…

"세젤아 공식*은 오일러 공식입니다."

그리 놀랍지도 않은 뉴스를 발표했다.

Rank	Theorem	Average
(1)	$e^{i\pi} = -1$	7.7
(2)	Euler's formula for a polyhedron $V-E+F = 2$	7.5
(3)	The number of primes is infinite	7.5
(4)	There are 5 regular polyhedra	7.0
(5)	$1 + \dfrac{1}{2^2} + \dfrac{1}{3^2} + \dfrac{1}{4^2} + \cdots = \dfrac{\pi^2}{6}$	7.0

〈인텔리전서〉의 설문조사, (1)(2)(5) 모두 오일러의 작품

오일러는 가장 천재적인 수학자로 수학계의 모차르트에 비유되며, 두 눈을 잃고도 더 왕성하게 연구했다는 점에서 청각장애를 이겨낸 악성樂聖** 베토벤에도 비유된다. 한마디로 오일러는 눈을 감고 우주를 꿰뚫고 있었던 사람이었다.

---

*세상에서 가장 아름다운 공식
**악성樂聖 : '음악의 성인'이라는 뜻으로 베토벤의 별칭

아이작 뉴턴은

"나는 거인의 어깨 위에서 세상을 보았을 뿐이다."

라고 자신의 성과에 대해 말했다. '오일러 공식'이라는 최고의 예술 품은 뉴턴의 어깨 위에 테일러가, 테일러의 어깨 위에 오일러가 있었 기 때문에 가능했다. 이후, 오일러의 어깨 위에서 가우스, 리만 등등... 기라성 같은 후배 수학자들이 탄생하게 된다.

13

신은
주사위 놀이를 할까

—

확률론과
베이즈 정리

판돈 분배 문제

중세 시대, 유럽 사회는 도박에 빠져있었다. 중세 유럽사의 권위자 보르스트는 "모든 탁자 위에 주사위가 굴러다닌다."라고 중세를 묘사했다. 이러한 시대에 당연히 수학자들의 역할이 커졌다.

"어이, 삼촌~~ 뭘 내야 유리하겠어?"

동네에서 수학 쫌 하는 삼촌(아마추어 수학자)들이 살롱에서 겜블러(도박사)들의 승률 계산을 도와주는 것은 흔한 일상이었다.

17세기 중반, 갬블러이자 아마추어 수학자였던 드 메레(본명 앙투안 공보)는 수학 실력을 이용해 도박에서 재미를 보고 있었다. 도박을 연구하던 어느날, 드 메레는 절친이었던 최고의 수학자 파스칼 1623~1662 프랑스에게 편지를 보낸다. 〈판돈 분배 문제Division problem〉를 해결해 달라는 것이었다.

게임 규칙

한 게임에서 두 사람이 승리할 확률이
모두 $\frac{1}{2}$로 같을 때, 다섯 판까지 경기를 하여
먼저 세 판을 이긴 사람이 판돈을 전부 가져간다.

게임이 시작되어 총 세 판이 진행되었는데,
A가 2승 1패로 앞서고 있었습니다.

그런데

갑자기 천재지변으로 게임이 중단이 됩니다.
이런 경우, 판돈을 어떻게 나누는 게 좋을까요?

당시만 해도, 판돈 분배는 중단되기 전까지의 전적으로 판돈을 나누는 것이 상식이었다. 이에 따르면 A(2승)와 B(1승)가 2:1로 판돈을 나누어야 한다.

그런데

만약 게임이 한 판만 진행되었고, A가 1승을 한 상태에서 천재지변이 일어났다면, 판돈은 A가 전부 가져가야 한다는 사실! B의 입장에서 자신이 최종 승자가 될 가능성이 제법 있었다는 것을 감안하면, 과거 전적은 합리적인 판돈 분배의 기준이 아니었다.

파스칼은 이 문제를 합리적으로 해결하기 위해, 또 다른 거장 페르마1601~1665프랑스와 여러 번 서신 교환을 한다. 두 거장은 오늘날의 확률론의 수준에는 이르지 못했지만 다음에 동의하기로 한다.

확률은 과거가 아닌 미래의 지배를 받는 것!

다시 말해, 합리적인 판돈 분배는 미래의 가능성을 기준으로 판단해야 한다는 것이었다. 하지만, 미래는 주사위 게임처럼 우연의 지배를 받는 것인데, 확실성을 추구하는 수학이 과연 '우연'이라는 단어를 받아들일 수 있는가의 문제로 발전하게 된다.

이렇게 탄생한 학문이
> 우연의 패턴을 찾는 확률론(probability theory)

이었던 것이다.

수학은 패턴의 과학

길을 가는 사람에게 "수학이란 무엇인가요?"라고 물어보면 "수"나 "계산"이라는 단어가 나올 것이다.

수학의 발상지 중 하나인 바빌론에서 다루었던 수학은 오늘날 초등, 중등 교과 과정에서 소위 산술^{arithmetic}이라 불리우는 수의 연산을 다루는 것이니 틀린 말은 아니다. 하지만, '수'나 '계산'이라는 단어로는 세무회계학과 수학을 구분 짓기조차 어렵다.

오늘날 대부분의 수학자들이 동의하는 수학의 정의는

수학은 패턴의 과학

이라는 것이다. 수학의 각 분야가 연구하는 패턴은 다음과 같다.

대수학^{algebra}은 수와 계산의 패턴
기하학^{geometry}은 모양의 패턴
미적분^{calculus}은 운동의 패턴
수리논리학$^{mathematical\ logic}$은 추론의 패턴
확률론$^{probability\ theory}$은 우연의 패턴
통계학^{statistics}은 데이터의 패턴
위상수학^{topology}은 근방과 위치의 패턴

오늘날, 수학을 잘 한다는 것은 패턴 인식이 뛰어나다는 뜻이다.

파스칼은 여기에 간단한 게임의 승률을 자신의 리즈시절(겨우 13세!)에 정리했던 〈파스칼의 삼각형〉을 이용해 설명한다.

$$
\begin{array}{ccccccc}
 & & & {}_0C_0 & & & \\
 & & {}_1C_0 & & {}_1C_1 & & \\
 & {}_2C_0 & & {}_2C_1 & & {}_2C_2 & \\
{}_3C_0 & & {}_3C_1 & & {}_3C_2 & & {}_3C_3 \\
\end{array}
$$

$$
\begin{array}{ccccccccccccc}
 & & & & & & 1 & & & & & & \\
 & & & & & 1 & & 1 & & & & & \\
 & & & & 1 & & 2 & & 1 & & & & \\
 & & & 1 & & 3 & & 3 & & 1 & & & \\
 & & 1 & & 4 & & 6 & & 4 & & 1 & & \\
 & 1 & & 5 & & 10 & & 10 & & 5 & & 1 & \\
1 & & 6 & & 15 & & 20 & & 15 & & 6 & & 1 \\
\end{array}
$$

${}_4C_0\ {}_4C_1\ {}_4C_2\ {}_4C_3\ {}_4C_4$
${}_5C_0\ {}_5C_1\ {}_5C_2\ {}_5C_3\ {}_5C_4\ {}_5C_5$
${}_6C_0\ {}_6C_1\ {}_6C_2\ {}_6C_3\ {}_6C_4\ {}_6C_5\ {}_6C_6$

파스칼의 삼각형이란 이항전개식

$(a+b)^n = {}_nC_0a^n + {}_nC_1a^{n-1}b + {}_nC_2a^{n-2}b^2 + \cdots + {}_nC_ra^{n-r}b^r + \cdots + {}_nC_nb^n$의 계수를 삼각형 형태로 나열한 수열이다.

승률이 같은 A, B 두 사람이 10번 게임을 할 때 A가 r번 이길 확률은

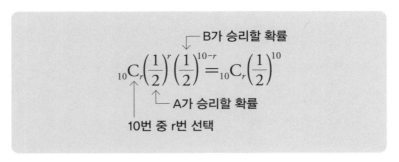

B가 승리할 확률

$${}_{10}C_r\left(\frac{1}{2}\right)^r\left(\frac{1}{2}\right)^{10-r} = {}_{10}C_r\left(\frac{1}{2}\right)^{10}$$

A가 승리할 확률

10번 중 r번 선택

만약, A가 8번 이길 확률과 9번 이길 확률의 비를 구한다면

$\left(\frac{1}{2}\right)^{10}$은 공통이므로 ${}_{10}C_8 : {}_{10}C_9 = 45 : 10$

삼각형의 11행에서 두 수를 찾기만 하면 된다.

오늘날, 파스칼은 확률론의 아버지로도 불린다.

블레즈 파스칼

주사위는 던져질 것이다 ━━━━

파스칼과 페르마가 서신 교환을 하고, 많은 수학자들이 '우연'을 수치화하려는 노력을 하면서 확률은 수학의 영역 안으로 들어오게 된다.

수학자 하위헌스는 파스칼과 페르마의 서신을 정리하여, 확률에 대한 최초의 논문을 썼으며, 당대 최고의 과학 가문 베르누이가의 리더, 야곱 베르누이는 『추측술^{Ars Conjectandi}』에서 확률을 계산하는 일반적인 방법을 다루었다.

오늘날 교과서에서 배우는 확률의 정의는 3단계로 이루어진다.

시행(S) ➡ 사건(E) ➡ 확률 P(E)

시행^{trial}은 동전이나 주사위를 던지는 것과 같이 우연에 의해 결과과 만들어지는 실험을 뜻하며 시행의 모든 결과물을 모아놓은 집합을 표본공간^{Sample space}이라 하는데, S로 표기한다.

사건^{Event}은 시행의 부분집합으로 E로 표기하며 사건 E의 경우의 수를 $n(E)$로 표기한다.

표본공간 S에 대하여 사건 E의 확률^{Probability}은 P(E)로 표기하며

$$P(E) = \frac{n(E)}{n(S)}$$

다시 말해, 확률의 정의는 $\dfrac{\text{해당 사건의 원소의 개수}}{\text{표본 공간의 원소의 개수}}$ 가 되는 것이다.

예를 들어, 두 주사위 A, B를 동시에 던져 눈의 합이 10이 되는 사건 E의 확률은 표를 이용하면 $n(S)=6\times6=36$(빈칸의 수), $n(E)=3$(색칠된 칸의 수)이므로

$$P(E) = \frac{n(E)}{n(S)} = \frac{3}{36} = \frac{1}{12} \text{ 이 된다.}$$

이러한 확률을 〈수학적 확률〉이라 하는데, 이는 선험적으로 예측하여 판단하는 확률이다. $\frac{1}{12}$은 두 주사위를 던지는 시행을 12억 번 던져서 1억 번 발생했다는 실험의 결과물이 아니라, 방구석에서 이성적 사고에 의해 선험적으로 만들어진 것이다. 그래서 수학적 확률을 선험적 확률(또는 연역적 확률)이라고도 한다.

반면 〈통계적 확률〉은 손에 땀나게 실험(시행)을 충분히 많이 한 후

$$\frac{\text{사건의 발생 횟수}}{\text{실험(시행)의 횟수}}$$

로 결정짓는다. 그래서 통계적 확률을 경험적 확률(또는 귀납적 확률)이라고도 한다. 라면을 매일 한 개씩 10년간 먹었을 때, 당뇨가 발병할 확률처럼 의학적인 것은 수학적으로 정교하게 예측되지 않는다. 이럴 때 쓰는 게 통계적 확률이다.

수학적 확률	방구석에서 생각하면 나옴 ➡ 선험적(연역적) 확률
통계적 확률	손에 땀나게 실험해야 함 ➡ 경험적(귀납적) 확률

신기한 것은 통계적 확률에서 시행 횟수가 충분히 커지면 수학적 확률에 가까워진다.

두 주사위를 던지는 시행을 12억 번 반복하면 눈의 합이 10이 되는 사건은 거의 1억 번 가까이 나오게 되며 통계적 확률은 수학적 확률 $\frac{1}{12}$ 에 가까워지는데 이게 바로

<큰 수의 법칙>

이다. 못 믿겠으면 지금부터 12억 번만 주사위를 던져보시라. 참고로 안 쉬고 1초에 한 번씩 던지면 딱 38년만 고생하면 된다. (12억 초 ≒38년)

＊ ＊ ＊

이후, 드 무아브르, 라그랑주, 라플라스 등 당대 최고의 수학자들이 오늘날의 확률 이론을 다듬었으며 18세기 영국의 성직자이자 수학자였던 토머스 베이즈[1701~1761 영국]는 두 사건 A, B가 종속적일 때, 상호 확률의 관계를 규정하는 〈베이즈의 정리〉를 발표한다.

토머스 베이즈

$$P(A|B) = \frac{P(B|A)P(A)}{P(B)}$$

여기에서 P(A|B)는 교과서에서 배우는 〈조건부 확률〉이다. 조건부 확률은 B라는 다른 사건(조건)이 일어났다는 가정하에 사건 A가 일어날 확률로

$$P(A|B) = \frac{P(A \cap B)}{P(B)}$$

조건부 확률은 전체(분모)를 조건 B로 보는 것이며, P(A)를 사전 확률, P(A|B)를 사후 확률이라고도 한다.

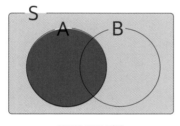

일반적 확률 P(A)

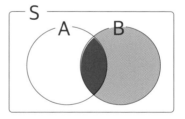

조건부 확률 P(A|B)

만약 주변의 어느 고3 학생에게 "이번 수능에서 수학 1등급을 받을 확률은?"이라고 물어보면 학생은 평소 실력과 모의고사 등급을 반영한 기대 등급을 말해줄 것이다. 하지만 실제 수능 시험을 보고 온 이 학생은

"국어 때문에 수학 망했어요!!"

라고 말할 수도 있다. 참고로 수능 1교시는 국어, 2교시는 수학이다. 국어를 망치는 사건을 B, 수학 1등급을 받는 사건을 A라 하면 사후 확률 $P(A|B)$는 사전 확률 $P(A)$보다 줄어들 수도 있다.

이와 같이 베이즈는 사후 확률은 조건부 확률을 이용해 보정하는 것이 합리적이라는 미친 발상을 했는데⋯ 이쯤 되면 확률에 그럴싸한 호칭(작위)을 부여해야 한다.

확/률/론 probability theory

확률론은 1933년 소련의 수학 영웅 콜모고로프1903~1987 러시아가 확률을 공리적으로 정의한 〈공리적 확률론〉을 발표하면서, 정수론, 미적분학과 콜라보하며 바이러스처럼 다른 학문으로 뻗어나갔다. 통계학은 물론, 물리학, 생물학, 경제학, 심리학 등 이제 확률이 없으면 아무것도 예측할 수 없는 세상이 되었다.

19세기까지 물리학을 지배했던 뉴턴의 고전역학은 '결정론'을 기반으로 미적분이라는 도구를 써서 운동을 예측했다. 하지만 오늘날 미시세계(원자 등)의 운동을 설명하는 양자역학Quantum mechanics은 확률을 도입하여, 결정론에 균열을 냈다.

아인슈타인은 "신은 주사위 놀이를 하지 않는다."라는 말로 끝내 양자역학을 부정했는데 수학자이자 대중과학 저술가로 유명한 이언 스튜어트는 『신도 주사위 놀이를 한다』라는 제목의 책을 출간하여, 베스트셀러가 되기도 했다.

만약, 확률론이 없었다면 양자역학이 없었을 것이고 오늘날 양자역학의 결과물인 전자공학은 없었을 것이다.

TV, 에어컨, 컴퓨터, 스마트폰, …

우리 주변에 전자제품이라는 건 아예 없을 것이라는 뜻이다. 도박 연구에서 탄생한 확률론이 이렇게나 크게 미래를 바꾸었다.

역사에는 아인슈타인의 주사위만큼 유명한 주사위가 있다. 기원전 49년 율리우스 카이사르가 군대를 이끌고 루비콘강을 건너면서 언급했던 주사위다.

"주사위는 던져졌다."

이미 결정된 것은 돌이킬 수 없다는 뜻이다. 하지만, 확률은 미래에 대한 이론이다. 수학 컨텐츠 제작자로서 미래는 확률이 지배한다고 말하고 싶다. 비슷한 라임으로 확률을 표현한다면...

"주사위는 던져질 것이다."

라고 말하고 싶다.

펩시와 코카를
구분할 수 있는가
—
통계학의 진화

"세상 만물은 수로 이루어져 있다." 피타고라스 학파의 이 말은 100% 동의하긴 어렵다. 표현을 좀 바꾸어 "세상 만물은 수로 평가받는다."는 어떤가? '공감 지수'가 조금 올라갔을지 모르겠다. ㅎㅎ '공감 지수'라니! 공감마저도 수로 평가받는다.

우리는 종종 이런 질문을 받는다.

"수학 점수 몇 점 나오니?" "하루에 몇 시간 자나요?"

시험을 볼 때마다 수학 점수는 큰 폭으로 요동치고, 잠자는 시간이 불규칙함에도 불구하고 대개는 이 질문에 답을 하게 된다.

"70점 나옵니다." "6시간 자요."

다양하게 변하는 데이터의 값(교과서에서는 '변량'이라고 한다.)을 하나의 숫자로 말하고 싶은 것! 이게 바로 통계다.

대푯값과 산포도 ━━━━━━━━━━━━━

교과서의 통계 자료는 크게 두 가지가 있다.

대푯값 | 산포도

어떤 주제에 대한 변량들을 하나의 숫자로 대변해주는 게 〈대푯값〉
이다. 대푯값으로는 평균, 중앙값, 최빈값 등을 사용한다.

(1) 평균

평균에는 산술평균, 기하평균, 조화평균이 있다. 일반적으로 평균
이라 하면 산술평균을 의미한다. 산술평균은 변량의 총합을 변량의
개수(도수)로 나눈 값이다.

$$n개의 \ 변량 \ x_1, x_2, x_3, \cdots, x_n에 \ 대하여$$
$$산술평균 = \frac{x_1 + x_2 + x_3 + \cdots + x_n}{n}$$

(2) 중앙값과 최빈값

중앙값은 변량을 크기 순으로 나열했을 때, 중앙의 값이다.

　　예) 1, 3, 4, 7, 8, 9, 10 ➡ 중앙값은 7

최빈값은 변량 중 가장 많이 나오는 값이다.

　　예) 5, 3, 3, 7, 3, 5, 4 ➡ 최빈값은 3

대푯값으로 평균을 사용해도 큰 불편함이 없는데, 왜 중앙값이나
최빈값이 필요할까? 그건 바로 평균이 가진 리스크 때문이다.

보통 〈평균수명〉이라는 말은 〈기대수명〉이라고 한다. 예를 들어 대한민국에서 태어난 1950년생의 기대수명은 이 분들이 사망한 나이 혹은 사망이 예상되는 나이의 합을 사람 수로 나눈 것이다. 그런데, 통계청 자료에 의하면 대한민국에서 1950년생의 기대수명은 35세라고 나온다.

엥?

1950년생이면, 2024년 현재 74세로 주변에서 건강하게 활동하는 모습을 흔히 볼 수 있다. 이 분들은 기대수명보다 두 배를 넘게 사셨으니, 운이 엄청 좋으신 것으로 판단된다. 하지만, 당시에는 위생 문제, 전쟁 등으로 유아기나 청년기에 사망하는 경우가 많아 기대수명이 낮은 것이다. 수포자들이 수학 점수의 평균을 까먹는 것과 비슷하다. 현재 살아계신 1950년생 중 살아계신 분들이 운이 좋은 건 맞지만, 전쟁터의 한복판에서 멀쩡하게 살아남은 정도의 행운은 아니다.

체조 종목의 채점 방식도 특정 심판이 사적인 이유로 극단적인 점수를 주면, 이를 잘라버리고 남은 점수를 합산하는 〈절단평균(절사평균)〉을 적용하기도 한다. 예를 들어

이런 경우, 0점은 잘라버리고 평균을 구하면 절단평균이 나온다. 절단평균을 쓰지 않는다면, 그냥 평균보다는 중앙값이 합리적이다.

※   ※   ※

한편, 대푯값으로만 자료 전체의 특성을 대변하긴 어렵다. 예를 들어, 수학 점수의 평균이 60점인 A, B 두 학생이 있다. A는 점수가 안정적이라 58점~62점을 오락가락한다. 하지만 B는 점수가 20점~100점까지 요동친다. A는 안정적으로 중위권 대학을 갈 것으로 기대가 되지만, B는 운 좋으면 S대, 운 나쁘면ㅜㅜ… 두 학생의 수학 성적은 평균만 같을 뿐 '흩어짐의 정도'가 너무 다르다. 이 '흩어짐의 정도'를 나타내는 수치를 〈산포도〉라고 한다. 산포도로는 〈평균편차〉, 〈분산〉, 〈표준편차〉 등을 사용한다.

(1) 평균편차

우선 평균보다 얼마나 크고 작은지를 〈편차〉라는 말로 정의한다.

> **편차 = 변량 − 평균**

평균이 50점인 경우, 53점의 편차는 (+3)점, 47점의 편차는 (−3)점이 된다. 이때, 모든 변량의 편차의 합은 양(+)과 음(−)이 상쇄되어 0이 된다. 따라서 편차의 평균은 0이다. 이 양(+)과 음(−)이 상쇄되는 단점을 보완한 게 평균편차이다. 편차의 절댓값(평균에서의 거리)을 사용하면 된다.

> **평균편차 = | 편차 | 의 평균**

평균편차는 '흩어짐의 정도'를 나타내는 매우 좋은 방법이지만, 절댓값 계산은 일일이 대소를 비교하여 부호를 판단해야 하는 노가다라는 단점이 있다.

(2) 분산과 표준편차

편차의 절댓값 대신, 편차의 제곱을 사용하면, 노가다에서 탈피할 수 있다. 여기에서 분산이 나온다.

> 분산 = (편차)²의 평균

분산은 평균편차보다 계산이 편리하여 보편적으로 많이 사용된다. 하지만, 차원이 제곱이라 불합리한 점이 있다. 예를 들어, 길이의 평균을 구하고 싶은데, 제곱을 하면 넓이 차원이 나온다. 그래서, 분산에 루트($\sqrt{\ }$)를 씌워 차원을 맞추면 표준편차가 된다.

> 표준편차 $= \sqrt{분산}$

정규분포

오른쪽 사진은 헬스장에서 흔히 볼 수 있는 장면이다. 수학샘의 눈에만 유독 보일지는 모르겠다. 헬스장에서 사람마다 드는 쇳덩어리의 무게는 다르지만, 대체적으로 50근방의 무게가 많이 닳아있음을 알 수 있다.

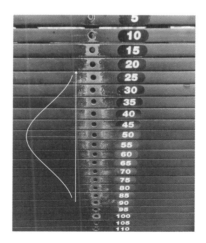

이와 같이 자료의 수가 많아질수록 변량의 분포는 평균에 가까울수록 많이 몰려있고, 평균을 축으로 대칭적인 성향을 띠게 되는데, 이를 〈정규분포Normal distribution〉라 한다. 변량과 그 도수의 관계를 전체 넓이가 1이 되도록 변형하면 종bell 모양의 〈정규분포곡선〉이 만들어 진다.

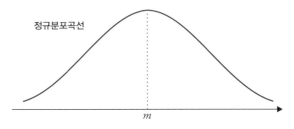

정규분포곡선은 평균(m)과 표준편차(δ)에 따라 대칭축과 폭이 정해진다.

구체적으로 다음과 같다.

① 직선 $x=m$에 대칭이다. 평균이 바로 대칭축이다.

② m에서 멀어질수록 x축에 가까워진다. 평균에서 멀어질수록 확률이 낮아진다.

③ δ가 작을수록 높고 좁아지며, δ가 클수록 낮고 넓어진다.

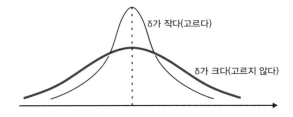

예를 들어, 점수의 분포가 고르게 나오는 학생은 표준편차가 작아서 평균 주변이 높고, 그래프는 좁아지게 된다.

초기 통계학은 수학자들에 의해 발전했다.

1733년 드 무아브르는 반복되는 시행에서 시행횟수(n)이 충분히 크면 종 모양의 곡선에 가까워진다고 언급한다.

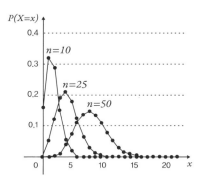

뒤이어, 수학의 왕 가우스가 등장한다. 1801년(가우스 24세), 화성과 목성 사이의 소행성 세레스^{Ceres}가 발견되어, 천문학계의 이목이 집중되었는데, 얼마 후, 세레스가 태양 속으로 숨어버리는 일이 발생한다. 가우스는 세레스의 위치를 측정한 오차가 정규분포를 따른다고 판단했고, 이를 활용한 〈최소제곱법〉으로 세레스가 나타날 위치를 적중시켜, 천문학계의 슈퍼스타가 된다. 오늘날 정규분포를 〈가우스 분포^{Gaussian distribution}〉라고도 한다.

포스트 잇

태양계의 행성 순서와 세레스

"수금지화 목토천해" 태양계의 행성 순서를 이니셜만 나열한 것이다. 필자가 굳이 화성과 목성 사이를 떼어 쓴 이유는 화성과 목성 사이의 간격

이 넓어서다. ㅎㅎ 가우스가 살던 시절, 천문학자들은 화성과 목성 사이에 숨은 행성이 존재할 것이라고 믿었고, 세레스를 숨은 행성으로 착각하기도 했다.

수　금　지　화　(세)　목　토　천　해

ㄴ 끼일 뻔 ㅋ

국가경영 & 빅데이러

통계학을 영어로 'statistics'라고 하는데, 국가라는 의미의 이탈리아어 statistica에서 유래했다고 한다. 근대화 이후, 국가 경영을 위해 꼭 필요한 학문이 지리학과 통계학이었다.

오늘날, 통계학은 자료를 수집하여 분석하는 〈기술통계학〉과 표본 sample에서 추출한 정보를 분석하여 모집단(전체 데이터)의 특성을 찾아내는 〈추론통계학〉으로 나누어진다. 예컨대, 농구선수 스테판 커리*의 통산 3점슛 성공률은 기술통계학의 영역이고, 갤럽의 대통령 선거 여론조사는 추론통계학의 영역이다.

초기 통계학은 〈기술통계학〉 이었다.

---

*미국프로농구(NBA) 최고의 슈터로 통산 3점슛 개수 1위를 달리고 있다.

'백의의 천사' 나이팅게일1820~1910 영국은 상류층 가정에서 태어나 부모님 반대를 무릅쓰고 간호사가 되었는데, 크림 전쟁 당시, 야전병원에서 근무하게 된다. 당시엔 병원이 얼마나 열악했는지, 전쟁으로 부상자가 입원하면 부상 때문이 아니라, 위생 문제로 2차 감염 때문에 죽어 나갔다.

나이팅게일은 이를 통계적으로 분석하여, 입원 환자의 사망률을 42%에서 2%로 떨어뜨린다. 이때, 통계라고는 1도 못 알아듣는 군 수뇌부를 설득하기 위해 〈로즈 다이어그램rose diagram〉을 만드는데, 이는 통계학의 기념비적인 도표가 되었으며, 오늘날 〈파이 차트pi chart〉로 발전한다.

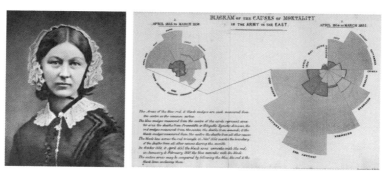

나이팅게일(좌), 로즈 다이어그램(우)

찰스 다윈*의 사촌이었던 생물학자 골턴은 부모와 자녀의 키의 상관관계를 판단하는 〈회귀분석Regression Analysis〉방법을 도입하여 유전학의 지평을 열었으며, 칼 피어슨은 이를 발전시켜 〈계량생물학Biometrics〉을 만들었다.

---

*1809~1882 영국 | 〈종의 기원〉의 저자로 진화론의 발전에 기여함

이후 현대 통계학의 아버지로 불리는 로널드 피셔1890~1962 영국는 로잠스테드 농사학 연구소에 근무하며, 표본 분석을 통한 모집단 분석법으로 농업 발전을 가져왔고, 〈추론통계학〉의 지평을 열었다.

피셔는 밀크티에 관한 에피소드로 유명하다. 당시 연구소 동료였던 브리스톨 박사(여)는 밀크티의 맛을 보면, 차와 우유 중 어느 것을 먼저 넣었는지 맞힐 수 있다고 주장하고 다녔다. 피셔는 이를 검증하기 위해 실험을 계획한다.

피셔의 밀크티 테스트

여덟 개의 찻잔 중 네 잔은 우유를 먼저, 네 잔은 차를 먼저 붓는다.
모든 잔을 랜덤으로 섞은 후, 브리스톨이 모든 차를 맛보고,
우유를 먼저 부은 4개의 찻잔을 찾는다.

만약, 브리스톨이 찻잔을 구분할 능력이 없다면, 우유를 먼저 부은 4개의 찻잔을 찾을 확률은

$$\frac{1}{_8C_4} = \frac{1}{70} \fallingdotseq 0.014$$

고작 1.4%이므로 네 개의 찻잔을 정확히 찾는다면, 브리스톨은 믿을만한 테이스터라는 것이었다. 마침내 실험이 진행되었고, 브리스톨이 정답을 맞혔다고 전해진다.

이 실험은 세계 최초의 〈임의화 비교 실험〉이었다. 수학은 100%일 때만 답으로 인정하지만, 통계는 100%가 아니어도 어느 정도면 인정한다는 판단의 기준이 바뀐 것이다.

오늘날 "이 정도면 범인이다." "이 정도면 안전하다." "이 정도면 당선 확정이다." 라고 판단할 수 있는 것은 피셔 덕분이다.

로널드 피셔

피셔의 밀크티 테스트에 관한 일화는 그가 쓴 통계학의 명저서 『실험계획법The Design of Experiments』에

차를 맛보는 여인The Lady Tasting Tea

이라는 에피소드로 수록되었으며 브리스톨은 박사라는 사회적 명성보다 차를 마시는 여인으로 유명세를 타게 된다.

주변에 코카콜라와 펩시콜라를 눈감고 구분할 수 있다고 주장하는 사람에게 '콜라를 맛보는 친구' 실험을 해보면 재미있을 것이다. 대부분의 친구는 실패할 것으로 예상된다.

※　※　※

이와 같이 통계학은 많은 에피소드와 함께 발전해왔다. 하지만, 데이터가 쌓일수록 그 처리와 계산이 통계학자의 발목을 잡았다. 수백 년 전, 천문학자의 구세주 로그가 등장했던 것처럼 20세기 중반, 거짓말처럼 통계학자의 구세주가 등장한다.

컴퓨터 Computer

덕분에 계산 노동에서 탈출한 통계학자의 수명은 기대 수명보다 두 배(?)쯤 연장되었을 것이다. 이제 통계학자의 역할은 컴퓨터가 더 일을 잘할 수 있는 알고리즘을 짜는 것으로 바뀌었다.

또한 4차 산업혁명, AI의 시대가 도래하며 '빅데이터 통계학'이 각광받게 되었다. 빅데이터의 패턴과 유용한 정보를 뽑아내는 〈데이터 마이닝data mining〉은 빅테크 기업의 숙명이 되었다.

눈을 즐겁게 하는
새로운 형태의 발견

황금비를
낳는 토끼
—
피보나치 수열

"레오나르도"하면 누가 떠오르는가? 대다수의 사람들은 이 둘 중 한 사람이 떠오를 것이다.

레오나르도 다 빈치
1452~1519 이탈리아
예술가, 발명가

레오나르도 디카프리오
1974~현재 미국
헐리우드 영화배우

하지만, '피사의 레오나르도'라는 근사한 별명을 들어보았는가? 수학 덕후에게 레오나르도는 바로 〈피보나치 수열〉로 유명한 수학자 레오나르도 피보나치^{1170?~1250? 이탈리아}이다.

피보나치와 토끼 문제

피보나치는 1170년 이탈리아에서 태어났다. 수학사에서 12세기의 유럽은 소위 '중세 암흑기'를 겪고 있었다. 역사가에 따라 다르지만, 대체로 5세기 경부터 시작되어 르네상스(14C~16C)가 본격화되면서 막을 내린 중세는 한마디로 종교의 시대였다.

레오나르도 피보나치

다시 말해, 유럽 대륙에서 위대한 수학자나 과학자가 드러나기 어려웠다는 뜻이다. 이 와중에 수학은 아라비아에서 대수학을 중심으로 명맥을 유지하고 있었고 지리적 위치로 인해 상업과 해상무역이 발달했던 이탈리아에서 실용 수학이 발전하고 있었다.

피보나치의 아버지는 당시 피사의 성공한 상인으로 지중해의 권력자 중 한 명이었다. 그는 아들을 각지에 데리고 다니면서, 상인들이 산법과 주판을 사용하는 것을 체험시키는 등 특별한 수학 교육을 시켰는데, 피사에 돌아온 피보나치는 이를 수학책으로 만들기로 한다. 이렇게 해서 1202년 피보나치의 불후의 명작

『산반서 Liber Abaci』

가 탄생하게 된다.

산반서를 통해 유럽에 아라비아 숫자와 십진기수법이 상인들을 중심으로 빠르게 퍼져나갔다. 하지만, 기존 로마 숫자를 사용하는데 익숙했던 일부 관료들은 이를 못마땅히 여겨 아라비아 숫자의 사용이 금지되기도 했다.

'산반서'가 유명해진 결정적인 계기는 책에 수록된 '토끼 문제' 때문이었다. 이 토끼 문제는 시간이 지나면서 전 세계적인 어그로를 끌었다. 독자들의 이해를 돕기 위해, 문제를 각색하면 다음과 같다.

> 갓 태어난 아기 토끼(A)가 있다. 아기 토끼는 한달 후 어른 토끼가 되며, 어른 토끼는 한 달 후, 아기 토끼 한 마리를 낳는다. 아기 토끼 (A)가 태어난 지 일년 후, 토끼는 몇 마리인가? (단 어른 토끼는 죽지 않는다.)

아기 토끼를 ×, 어른 토끼를 ○라고 하면

　×는 한 달 후 ○ 한 마리가 되고

　○는 한 달 후 ○× 두 마리가 된다

또한 아기 토끼(A)가 갓 태어난 시기를 1월 첫날로 하고, n월의 첫날, 토끼의 수를 a_n이라 하면 다음과 같이 토끼의 수가 만들어진다. (n $=1, 2, 3, 4, 5, \cdots$)

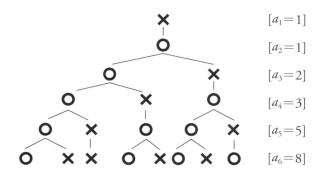

$$[a_1=1]$$
$$[a_2=1]$$
$$[a_3=2]$$
$$[a_4=3]$$
$$[a_5=5]$$
$$[a_6=8]$$

아기 토끼가 태어난 지 1년 후면 13개월째 되는 날이므로 a_{13}을 구하면 된다. 이 그림으로 a_{13}에 도전하기는 쉽지 않아 보인다. 그림을 끝까지 그리면 종이의 폭이 1미터는 되어야 할 것이다.

하지만, 여기에는 재미있는 수열의 규칙이 숨어있어 끝까지 그릴 필요가 없다. a_1과 a_2를 구한 다음, a_3부터는 앞 두 항을 더하면 만들어진다! 다시 말해

$$a_3=a_1+a_2=2$$
$$a_4=a_2+a_3=3$$
$$a_5=a_3+a_4=5$$
$$a_6=a_4+a_5=8$$
$$\cdots \cdots$$

이 규칙을 일반화하면

피보나치 수열

$$a_n+a_{n+1}=a_{n+2}$$

이 탄생하게 되는 것이다. 이제 점화식에 따라 앞 두 항을 더해가며, 수열의 각 항을 만들어 나가면

a_1	a_2	a_3	a_4	a_5	a_6	a_7	a_8	a_9	a_{10}	a_{11}	a_{12}	a_{13}
1	1	2	3	5	8	13	21	34	55	89	144	233

일 년 후에는 토끼가 자그마치 233마리가 되는 것을 알 수 있다.

자연 속의 피보나치 수열

피보나치 수열

$$1, 1, 2, 3, 5, 8, 13, 21, 34, \cdots$$

이게 도대체 뭐라고, 전 세계적인 어그로를 끌게 된 것일까?

이는 피보나치 수열이 대자연에서 속속 발견되기 때문이었다.

우선, 소라껍데기의 나선형 곡선은 피보나치 수열을 따른다.

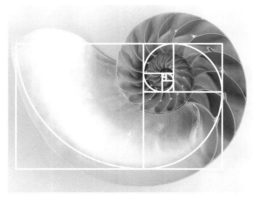

소라껍데기의 피보나치 나선

피보나치 수열을 한 변으로 하는 정사각형을 붙여가며 직사각형을 만들면 그림의 '피보나치 나선'을 만들 수 있다. 이는 태풍이나 나선 은하에서도 나타난다.

해바라기 씨의 배열에서도 피보나치 수열은 발견된다. 해바라기 씨는 나선형으로 휘감기며 배열되는데, 나선의 수는 대개 21개와 34개 또는 34개와 55개를 이룬다. 또한 자연 속의 꽃잎의 개수는

$$1개, 2개, 3개, 5개, 8개, 13개 \cdots$$

피보나치 수열을 따르는 경우가 많다.

꽃기린 〉 2장

연령초 〉 3장

무궁화 〉 5장

코스모스 〉 8장

피보나치 수열과 황금비

피보나치 수열의 진짜 묘미는 앞항과 뒷항의 비가 '황금비'에 가까워진다는 것이다.

여기에서 황금비란 ?!

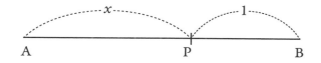

선분 $\overline{AB}$ 위에서 점 B에 가까운 위치에 점 P를 찍으면
   짧은 선분 $\overline{PB}$, 중간(길이의) 선분 $\overline{AP}$, 긴 선분 $\overline{AB}$
가 만들어진다.

이때, 짧은 선분 : 중간 선분 = 중간 선분 : 긴 선분을 만족하는 경우
점 P는 선분 $\overline{AB}$를 황금분할한다고 하며

$$황금비 = \frac{중간\ 선분의\ 길이}{짧은\ 선분의\ 길이}$$

와 같이 정의한다.

이는 짧은 선분의 길이를 1이라 할 때, 중간 선분의 길이 x를 구하면 된다.

$1:x=x:x+1$ 에서 $x^2-x-1=0$

근의 공식에서 $x=\dfrac{1+\sqrt{5}}{2} \fallingdotseq 1.618$ (황금비의 값)

이제 본격적으로 '피보나치 수열'의 앞항과 뒷항의 비를 만들어보자.

$$\frac{a_2}{a_1}=\frac{1}{1}=1,\ \frac{a_3}{a_2}=\frac{2}{1}=2,\ \frac{a_3}{a_2}=\frac{3}{2}=1.5,\ \frac{a_4}{a_3}=\frac{5}{3}=1.6666\cdots$$

$$\frac{a_5}{a_4}=\frac{8}{5}=1.6,\ \frac{a_7}{a_6}=\frac{13}{8}=1.625,\ \frac{a_8}{a_7}=\frac{21}{13}\fallingdotseq1.615,\ \frac{a_9}{a_8}=\frac{34}{21}\fallingdotseq1.619$$

$$\frac{a_{10}}{a_9}=\frac{55}{34}\fallingdotseq1.618$$

항이 커지면서 에 가까워진다.

❋ ❋ ❋

이후, 호사가들은 대자연은 물론, 건축물과 조형물, 도형에서 황금비를 찾으러 다녔다. 그림은 이집트의 피라미드 중 가장 완성도가 높은 기자 지역의 〈쿠푸왕의 대피라미드〉이다.

이 피라미드의 밑면은 정사각형, 옆면은 이등변삼각형인데, 밑면의 한 변의 길이의 절반과 옆면의 높이는 황금비에 가깝다고 한다.

그리스의 조각상 〈밀로의 비너스〉는

머리에서 배꼽까지와 배꼽에서 발끝까지의 길이가 황금비에 가깝다.

레오나르도 중 피보나치보다 높은 인지도를 자랑하는 다 빈치도 황금비 하면 빠질 수 없는 인물이다. 그는 대놓고 수학을 모르는 자는 자신의 작품 세계를 이해할 수 없도록 설계했다. 사영기하학의 원근법과 소실점을 반영하여 구도를 입체적으로 설계했을 뿐만 아니라 〈모나리자〉〈최후의 만찬〉〈비트르비우스 인간〉에 황금비를 반영했다.

모나리자(좌), 최후의 만찬(가운데), 비트르비우스 인간(우)

또한 별 모양의 도형을 둘러싸고 있는 정오각형에서도 황금비를 쉽게 찾을 수 있다.

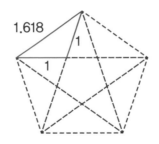

심리학자나 성형외과 의사들은 황금비의 미적 아름다움을 주장하기도 한다. 애플의 CEO였던 스티브 잡스는

> **"예술과 공학을 하나로 묶는 능력이
> 다 빈치를 천재로 만들었다."**

라고 말했는데, 스스로를 칭찬하는 것으로 들리기도 한다. '잡스의 사과'로 유명한 애플 로고는 황금비를 자랑하며 아이폰의 디자인도 황금비를 기반으로 설계되었다.

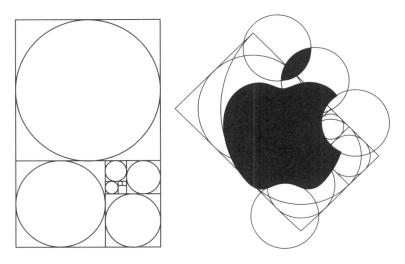

애플 로고의 황금비율

한편, 대한민국의 성형외과에서는 특정 연예인의 이목구비의 비율을 황금비라 주장하며 '황금비 마스크'라는 상품을 판매하기도 한다. 근거는 미약하다.

1963년 호갓 박사는 국제 피보나치 학회The International Fibonacci Association를 창설했는데, 피보나치 수열의 다양한 분야을 발표하는 『피보나치 계간지The Fibonacci Quarterly』를 출간하고 있으며, 아직도 전 세계의 뛰어난 연구자들이 피보나치 수열의 비밀을 풀고자 노력하고 있다.

800여년 전, 피보나치가 강가에 던져놓은 토끼가 인류사에 이렇게나 큰 파장을 일으켰다. '슈뢰딩거의 고양이', '디리클레의 비둘기'

'피보나치의 토끼', '파블로프의 개', '로렌즈의 나비' 등은 과학사의 한 페이지를 장식한 대표적인 동물이다. '레오나르도'의 인지도에서는 피보나치가 다소 밀렸지만, 언급한 동물 중에는 '피보나치의 토끼'가 전혀 밀리지 않을 것이다 ㅎㅎ

걸그룹의 센터가
돋보이는 이유

—

사영기하학

그림과 같이 가로등이 일정한 간격으로 나열되어있다.

도로를 수직선으로 볼 때, 가로등의 위치는 무슨 수열을 이루는가?

① 등차수열   ② 등비수열

참고로, 등차수열은 2, 4, 6, 8, … 과 같이 앞항과 뒷항의 차가 일정
한 수열이고 등비수열은 2, 4, 8, 16, … 과 같이 앞항과 뒷항의 비가

일정한 수열이다.

※   ※   ※

정답은 .... ① 등차수열 ② 등비수열 모두 가능하다.

만약 이 문제가 유클리드 기하학이 말하는 완전한 평면에서의 문제라면 정답은 ① **등차수열**이 될 것이다.

하지만 도로의 입구에서 가로등을 바라보면 이렇게 보일 것이다.

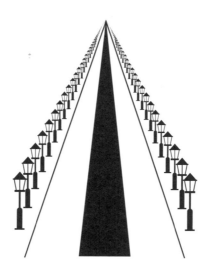

가로등의 간격이 일정한 비율로 줄어든다. 화가들에게 이 질문을 한다면 아마 ② **등비수열**이라고 말할지도 모른다. 이와 같이 사물의 실제 거리와 보이는 거리는 다를 수 있는데 이는 우리가 3차원 공간을 2차원 평면에 투영시켜 보기 때문이다.

르네상스 시대(14C~)가 도래하고 천재 화가들이 공간을 평면에 투영시킨다는 개념을 이해하기 시작하면서 그림에 서서히 입체감이 드러나기 시작했다.

르네상스 미술

"철학은 신학(종교)의 시녀다." 스콜라 철학의 대부 토마스 아퀴나스의 말이다. 예술도 예외는 아니었다. 중세의 그림은 교회에서 만든 팜플렛에 지나지 않았다.

하지만, 14세기 이후 르네상스 시대가 도래하면서 자연과 인간의 시각으로 예술을 표현하기 시작했다. '르네상스Renaissance'라는 말은 Re(다시)+Naissance(탄생)＝부활이라는 뜻이다. 권위적이었던 종교의 권위를 벗어나 문화와 지식이 꽃피었던 고대 그리스 시대로 돌아가고 싶었던 문예 부흥 운동이 바로 르네상스다.

※　　※　　※

1420년, 건축가 브루넬레스키1377~1446 이탈리아는 피렌체Firenze의 성 요한 성당에서 역사적으로 유명한 시연을 했다. 성당을 그림으로 그리고 그림과 거울에 구멍을 뚫어 실제 성당과 비교하는 시연이었는데, 그 정교함은 오늘날 인스타그램에서 유명한 트릭아트처럼 실제 건물과 혼동될 정도였다. 이는 기하학에 능통했던 그가 원근법을 사용했기 때문이었다. 브루넬레스키는 원근법을 최초로 사용한 사람으로 불린다.

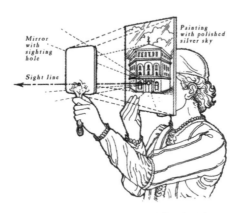

브루넬레스키의 첫번째 원근법 시연

마사초의 〈성 삼위일체〉 1428년 작

브루넬레스키의 제자였던 화가 마사초는 〈성 삼위일체〉라는 그림으로 스승의 시연에 보답한다. 이는 원근법을 사용한 최초의 그림이다.

브루넬레스키의 계승자 알베르티 1404~1472 이탈리아는 회화의 시작을 그리스 신화의 나르시스라고 언급하기도 했다. 원조 꽃미남 나르시스가 호숫가에 비친 자신의 모습을 보고 반해서 물에 들어가 숨을 거두게 되는데, 그 자리에서 꽃이 피어났고 그 것이 바로 수선화narcissus라는 이야기이다. 회화는 자신의 그림자를 끌어안고 싶은 나르시시즘narcissism에서 시작되었다는 뜻이다.

알베르티는 역대급 미술 이론서 〈회화론1435년〉에서 시선을 직선으로 처리하는 선형 원근법 '투시법'을 소개하며, 원근법을 처음으로 이론화했다.

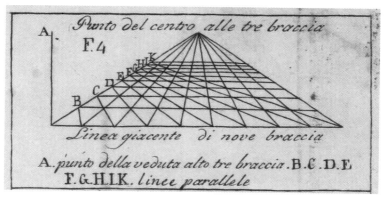

알베르티의 투시법

거장들이 물꼬를 트면서 이제 그림은 '관찰자의 시점'이 중요해졌다. 일정한 간격의 가로등이 도로의 입구에서는 등비수열로 보이는 것처럼 무한히 뻗은 철길은 평행선이지만, 결국 한 점에서 만나게 되는데... 이게 바로 〈원근법perspective〉이다. 이를 수학적으로 표현하면

사물의 크기는 관찰자로부터의 거리에 반비례하며, 거리가 무한히 멀어지면 사물은 하나의 점(소실점vanishing point)에 수렴한다.

다음 그림은 모두 〈최후의 만찬〉이다. 우선 그림이 제작된 순서를 생각해보자.

❋ ❋ ❋

정답은

❶ 두치오 〈최후의 만찬〉 1308~1311 제작

❷ 델 카스타뇨 〈최후의 만찬〉 1445~1450 제작

❸ 레오나르도 다 빈치 〈최후의 만찬〉 1495~1498 제작

이므로 먼저 그려진 순서대로 **❶ ➡ ❷ ➡ ❸** 이다. (순서를 바꾸지 않았다^^)

순서대로 보면, 점점 생동감과 입체감이 두드러진다.

❶ 두치오의 〈최후의 만찬〉은 천정에 원근법이 반영되었다. 밥상에는 원근법이 어설프게 반영되어 음식이 흘러내릴 것 같다.

❷ 델 카스타뇨의 〈최후의 만찬〉은 내부의 천정과 벽에 원근법이 반영되어 웅장한 느낌이 든다.

❸ 레오나르도 다 빈치의 〈최후의 만찬〉, 우리가 알고 있는 그 〈최후의 만찬〉이다. 여기에는 예수님을 소실점으로 하는 원근법이 완벽하게 반영되어 있다.

❋ ❋ ❋

르네상스를 대표하는 그림은 라파엘로**1483~1520 이탈리아**의 〈아테네 학당〉이다. 다 빈치, 미켈란젤로와 함께 르네상스 3대 화가 중 막내인 라파엘로는 그리스의 레전드 학자들을 지구방위대처럼 모아놓고, 자유로운 캠퍼스의 낭만을 표현했다.

"아니, 이 분들이 어떻게 여기에?!"

보는 이들의 탄성이 절로 나온다.

라파엘로의 〈아테네학당〉 1511년 작

'아테네학당'의 핵심은 공간과 인물의 배치에 있다. 그림에는 두 주인공 플라톤과 아리스토텔레스가 스포트라이트를 받고 있다. 라파엘로가 스티커(♥)를 붙여준 것도 아닌데, 주인공으로 보이는 이유는 두 사람을 소실점으로 잡고 원근법 사용하여 인물 배치를 했기 때문이다.

이후, 독일의 화가 알브레이트 뒤러^{1471~1528 독일}는 목판화로 원근법을 활용한 투시도를 그리는 장면을 보여준다. 사실상 투시도 매뉴얼이었다.

뒤러의 목판화

위대한 예술은 수학에 동기를 부여한다. 원근법은 마침내 새로운 수학을 탄생시켰다.

사영기하학

수학사에 가장 많이 등장하는 유클리드 선생님, 『유클리드 원론』에 비해 덜 알려져 있지만, 그는 『광학 Optics』이라는 책도 집필했다.

이 책은 원근법의 아이디어를 담고 있다. 유클리드는 "눈은 자신을 꼭짓점으로 하는 원뿔 안에 있는 물체를 본다."라고 표현했다. 하지만 고대 그리스의 화가들은 물론 수학자들도 유클리드의 생각을 그림과

유클리드의 〈광학〉

연결짓기는 어려웠을 것이다.

긴 시간(약 1700년)이 흐른 후, 르네상스의 천재 화가들이 입체적인 그림들을 쏟아내자 유클리드의 생각을 알고 있었다는 듯, 천재 수학자들이 등장한다.

17세기 초, 케플러의 〈타원궤도의 법칙〉으로 유럽의 수학계는 〈원뿔곡선〉에 빠져있었다. 원뿔곡선이란 이차곡선 즉, 원/포물선/타원/쌍곡선을 의미하는데, 원뿔 모양의 광선에 도화지를 대면 만들어지는 단면이다.

프랑스 '파리 과학 아카데미'의 멤버 데자르그[1593~1662 프랑스]와 파스칼[1623~1662 프랑스]은 원뿔곡선과 원근법의 관련성에 주목한다. 그리고 마침내 1639년, 데자르그는 '평면과 원뿔의 교선'에 관한 논문과 함께 〈데자르그의 정리〉를 발표한다.

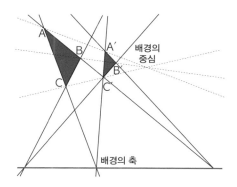

"두 삼각형의 대응되는 꼭짓점을 잇는 세 직선이 한 점에서 만나면 대응되는 변들의 연장선의 교점은 한 직선 위에 있다."

여기에 데자르그의 조카뻘이었던 16살의 파스칼은 『원뿔곡선 시론』이라는 책과 함께 〈파스칼의 육각형 정리〉를 발표한다.

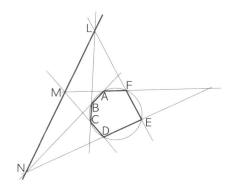

"원뿔곡선에 내접하는 육각형에서 세 쌍의 대변의 연장선의 교점은 한 직선 위에 있다."

데자르그와 데카르트에 의해 빔 프로젝트가 빛을 쏘는 듯한

사영기하학 Projective Geometry

이 탄생하게 된 것이다. '유클리드 기하학'에서 두 평행선은 만나지 않지만, '사영기하학'에서는 원뿔의 두 모선이 꼭짓점에서 만나듯, 두 평행선은 한 점에서 만난다. 이 점이 바로 소실점이며 수학자들은 이를 무한원점이라 부른다.

'데자르그 정리'와 '파스칼의 정리'는 건축학과 기계공학을 폭발적으로 발전시켰다.

프랑스의 수학자 몽주1746~1818 프랑스는 사영기하학을 활용해 공간을 평면으로 옮기는 〈화법기하학Descriptive geometry〉을 만들었다. 이를 통해, 건축물과 선박, 비행기의 설계도를 보고, 3D입체를 제작할 수 있게되었다. 오늘날 중등 교과서에 나오는 입체의 〈겨냥도〉와 고등 기하 교과서의 〈정사영〉은 초급 화법기하학의 일종이다.

정다면체의 겨냥도

에를랑겐 리스트

1872년 역대급 기하학자 클라인1849~1925 독일은 23살의 나이에 에를랑겐 교수로 취임하면서 〈에를랑겐 리스트〉를 발표한다.

"○○기하학이란 ○○변환으로 변하지 않는 성질을 연구하는 학문이다."

이는 기하학 분류의 새로운 기준이 된다. 이에 따르면 사영기하학이란 사영변환에 의해 변하지 않는 성질을 다루는 것이다. 이후 도형을 주물러도(자르지 않고 늘이거나 줄여도) 변하지 않는 성질을 연구하는 학문, 〈위상기하학〉의 시대가 열린다. 다다음 단원에서 다룬다.

아무리 올라가도
제자리인 계단
—
테셀레이션과
펜로즈 삼각형

트레몰로 기법의 로맨틱한 기타 연주곡! 프란시스코 타레가의 〈알람브라 궁전의 추억〉은 '콘차'라는 여인을 사랑했지만 이룰 수 없었던 타레가의 상심을 표현한 곡으로 유명하다. 학창 시절 이 곡을 기타로 연주하는 멋진 '동네 오빠'는 여동생들의 로망이 되기도 했다.

스페인이 배출한
세계적인 기타 연주가 타레가

연주에 등장하는 타레가의 필살기, 트레몰로 주법은 짧은 음을 반복하는 패턴의 연주법으로 알람브라 궁전의 화려한 '아라베스크'* 패턴과도 잘 어울린다. 이 패턴은 관광객들의 눈을 사로잡으며 오늘날 알람브라 궁전을 스페인 남부의 대표 여행지로 만들어 주었다. 또한 많은 크리에이티브에게 영감을 주었는데 이 중에는 타레가는 물론, 미술 교과서에 등장하는 세계적인 판화가 에셔1898~1972 네덜란드도 있었다.

알람브라 궁전의 외관(좌)과 내부의 아라베스크 패턴(우)

알람브라 궁전과 천재 판화가 ━━━━━

대서양에서 지중해로 가는 길목을 지키는 이베리아 반도!

오늘날, 스페인과 포르투갈이 위치한 곳이다. 이베리아 반도는 지

*아라비아풍의 반복되는 무늬로 이루어진 패턴으로 벽지나 타일 디자인에 활용된다.

중해의 패권을 다투었던 세력들로 수차례 그 주인이 바뀌는 운명을 겪게 된다.

특히, 711년부터 콜롬버스가 신대륙을 발견했던 1492년까지 800년 가까이 이베리아 반도는 이슬람의 지배를 받게 된다. 하지만 이베리아의 전 주인이었던 크리스트교 세력은 재충전의 시간을 가진 후, 작전명 레콩키스타^{Reconguista}!* 쉬운 말로 부동산 회복 운동을 벌여 이베리아를 야금야금 되찾기 시작했고, 이슬람은 밀리고 밀리다 오늘날 스페인 남부의 천연 요새, 그라나다까지 쫓겨 내려오게 되었다. 그라나다의 마지막 이슬람 정권, 나스르 왕조는 화려한 부활을 꿈꾸며 지상의 파라다이스 알람브라 궁전을 짓기 시작하였고 100년이 넘는 대공사 끝에 알람브라가 완성된다. 하지만, 이슬람의 영광은 여기까지였다.

1492년

에스파냐(오늘날 스페인)의 이사벨 여왕은 그라나다를 함락시키며 알람브라 궁전을 차지했고 같은 해 콜럼버스와 해외 부동산 개발 프로젝트 〈산타페 협약〉을 체결한 후, 아메리카 대륙 발견까지 성공했으니, 1492년은 스페인에게 기적의 해였다.

이후, 알람브라 궁전은 화려한 이슬람 양식을 기반으로 크리스트교 양식이 가미되었고, 나폴레옹이 군사 기지로 활용하는 등 파손과 복

---

*크리스트교 세력이 이슬람에게 이베리아 반도를 탈환하게 되는 국토회복운동으로 '재정복'을 의미함

원을 거쳐 오늘에 이르게 되었다.

오늘날 알람브라 궁전의 내부를 가득 채우고 있는 아라베스크 패턴은 이슬람의 유산이다. 이슬람에서는 '오직 알라만이 신'이라서 예술에 인물을 그릴 수 없었으므로, 패턴으로 인물을 대체했다.

1922년

24세의 판화가 에셔는 스페인 투어를 하던 중, 알람브라 궁전을 경유하게 된다. 실내에 들어서자 에셔는 눈을 뗄 수 없었다. 아라베스크 패턴에서 특별한 영감을 얻은 것이다. 공간을 채우는 수학적인 패턴이 있을 것 같았다.

'바로 이거야, 조만간 꼭 와야지'

하지만, 조만간 만나자는 친구와의 약속이 그러하듯, 14년이 지난 1936년, 서른 후반이 되어서야 에셔는 알람브라에 두 번째 방문한다. 이번에는 작품 기획이 목적이었다. 이 곳에서 에셔는 평면 분할의 마술, 〈테셀레이션tessellation〉을 탄생시킨다.

마우리츠 코르넬리스 에셔

테셀레이션

  '테셀레이션'이란 평면을 빈틈없이 반복되는 도형으로 채워나가는 미술의 한 분야로 '타일링tiling' 또는 우리말로 '쪽매맞춤'이라고도 한다. 완성된 테셀레이션 작품을 보면, '나도 저 정도는 해보겠는데' 소위 '콜럼버스의 계란'같은 느낌이 들 수 있지만, 수학적인 이해도 없이는 기초적인 테셀레이션조차 만들기 어렵다.

  우선, 정다각형을 채워 만들 수 있는 테셀레이션은

정삼각형 | 정사각형 | 정육각형

세 경우만 가능하다.

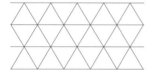  

  이는 정삼각형의 한 내각은 $60°$, 정사각형의 한 내각은 $90°$, 정육각형의 한 내각은 $120°$인데, 이 세 경우만 한 내각이 한 바퀴 $360°$의 약수라서 빈틈없이 맞물릴 수 있기 때문이다.

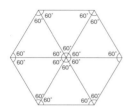  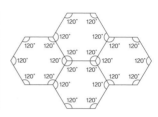

반면, 이를 제외한 정다각형, 예컨대 정오각형은 한 내각의 크기가 108°인데, 360°의 약수가 아니라서 빈틈없이 평면을 채울 수 없다.

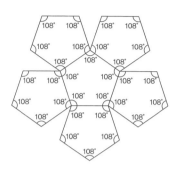

테셀레이션은 두 개 이상의 기본 도형을 섞어도 만들 수 있는데, 이를 '아르키메데스 타일링'이라고 부른다.

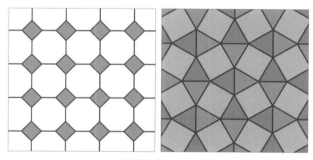

아르키메데스 타일링

에서는 기본적인 타일링의 기하학적 구조를 변형해 자신만의 작품 세계를 만들어 나갈 수 있었으며, 수학자 조지 폴리아의 『평면대칭군』에 관한 논문에서 17개의 벽지 디자인을 접하고, '비유클리드 기하학'을 학습하면서 '쌍곡기하학'을 반영해 초현실적인 그림(판화)을 거침없이 만들어나갔다.

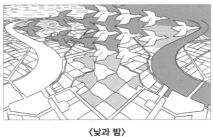

〈낮과 밤〉

에서의 발뒤꿈치조차 따라갈 수 없지만, 독자들의 이해를 돕기 위해 필자는 〈무한도끼〉라는 테셀레이션 작품을 제작해 보았다.

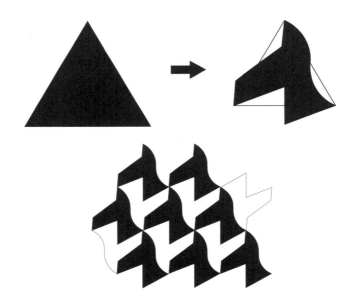

우선 정삼각형 하나를 꺼내고, 각 변의 내부와 외부에 같은 모양을 파내고 붙이면 도끼 하나가 완성된다. 충분히 많은 도끼를 복제한 후 반은 흰색, 반은 검정으로 칠한다. 흰 도끼를 일정 간격으로 붙이고, 검정 도끼를 뒤집어 붙이니 '무한도끼'가 만들어졌다.

수학적으로 말하면, 평면을 채울 수 있는 기본 도형(도끼 한 개)을 만들고 평행이동과 대칭이동을 반복하면 테셀레이션이 가능해지는 것이다.

이와 같은 방식으로 만들어진 에셔의 작품이 〈도마뱀〉이다. 정육각형 하나를 꺼내고 각 변을 파내고 붙여서 하나의 도마뱀을 만들어내고, 평행이동과 대칭이동을 반복하면 무한 도마뱀이 만들어진다.

에셔의 〈도마뱀〉

예술은 수학에게 많은 영감을 준다. 영국의 수학자이자 이론물리학자 로저 펜로즈¹⁹³¹~영국는 에셔의 작품을 발전시켜, 원형으로 확산되는 테셀레이션 '펜로즈 타일링'을 만들었는데 이는 기존 테셀레이션의 룰을 깨버렸다.

(1) 단독으로는 타일링이 불가능한 정오각형 구조를 활용했다.

(2) 주기적인 패턴을 갖지 않아 평행이동 즉, 복붙(ctrl C+V)이
    불가능하다.

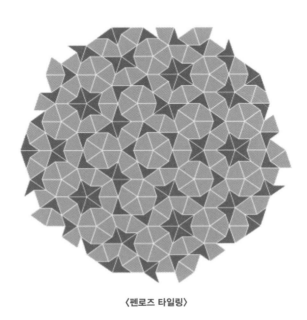

〈펜로즈 타일링〉

펜로즈는 에셔와 많은 영감을 주고 받으며, 수학을 예술로 승화시
킨다.

펜로즈 삼각형

에셔의 작품 〈뫼비우스의 띠〉가 유명해지면서 사람들은 초현실적
인 도형에 흥미를 가지게 되었다.

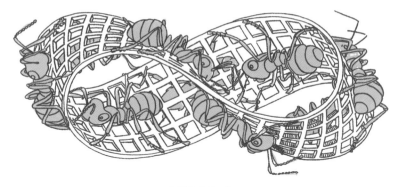

〈뫼비우스의 띠〉

가장 대표적인 초현실 도형은 또 등장하신 펜로즈의 〈펜로즈 삼각형〉이다.

수학 참고서의 표지디자인으로 종종 활용되는 이 삼각형은 현실 세계에서는 불가능하다. 펜로즈의 영혼의 파트너 에셔는 이를 〈상대성〉이라는 초현실적인 계단으로 표현했다. 겉보기에 삼각형 형태의 계단은 두 층을 올라가면 처음 위치로 돌아오게 된다.

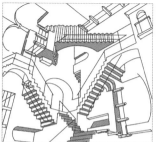

펜로즈삼각형(좌), 로저 펜로즈(가운데), 상대성(우)

이런 초현실 도형을 보면 현실에서 구현하고야 마는 사람이 있으니

크리스토퍼 놀란
Christopher Nolan

무늬는 감독이지만 사실상 아마추어 과학자급인 이 거장은 영화 〈인셉션2010년〉의 세트장에서 이를 실제로 구현해버린다. 배우들에게 사전 언지가 없었다면 추락했을지도 모른다.ㅎㅎ

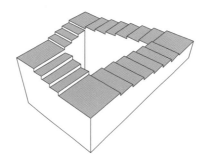

독일과 호주 등 세계 각지에는 '펜로즈 삼각형'이 설치되어 많은 관람객을 놀라게 하지만, 이 역시 페이크fake에 불과하다.

비슷한 페이크로 〈보로메오 고리〉 문양도 있다. 이 문양은 세 고리 A, B, C가 A위에 B가 B위에 C가 C위에 A가 있는 가위바위보 구조를

가진다. 고리를 휘어트리지 않고는 만들 수 없다.

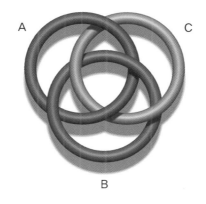

보로메오 고리

예술가에게 영감을 받은 천재 수학자의 장난스런 상상은 우주의 모양에 대한 연구로 이어지며, 블랙홀의 존재를 증명한다. 그리고 마침내 2020년, 펜로즈는 이를 인정받아 노벨 물리학상을 수상하며 최고의 과학자로 우뚝선다. 펜로즈는 인터뷰에서 에셔에게 감사를 표한다. 르네상스 미술이 과학 혁명을 앞당긴 것처럼 에셔의 판화는 과학자에게 상상의 날개가 된 것이다.

에셔는 448개의 판화를 남겼다. 그의 고국 네덜란드에는 '에셔 박물관'이 있다. 한국에서도 종종 '에셔 특별전'이 열리고 있어 그의 작품을 만날 수 있다.

〈에셔 박물관〉 네덜란드 헤이그

수학자, 과학자의 상상력을 키우려면, 예술의 성지부터 가보길 권한다.

스페인의 알람브라 궁전, 네덜란드의 에셔 박물관은 필수코스!

18

빨대의 구멍은
몇 개인가

—

위상기하학

"빨대의 구멍은 몇 개인가?"

0 holes?
1 hole?
2 holes?

한때, 인터넷을 뜨겁게 달구었던 질문이다.

이 질문에는 0개, 1개, 2개... 등등 다양한 주장이 존재한다. 만약 이 질문을 수학자에게 한다면

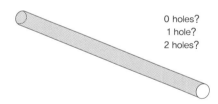

"여기에서 구멍이 뭐죠?"

라고 반문할 것이다. 구멍의 정의에 따라 답이 달라지니까!

골프도 구멍hole에 공을 넣는 게임이다.

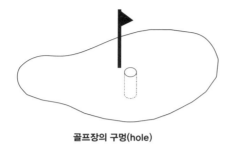

골프장의 구멍(hole)

골프장의 구멍은 '움푹 파인 부분' 정도로 해석되는데 이는 빨대의 구멍과는 다른 막힌 구멍이다. 그럼 골프장처럼 막힌 구멍은 구멍의 자격을 박탈시켰을 때, 뻥 뚫려있는 빨대의 구멍은 도대체 몇 개인 것일까?

초롱초롱한 어느 중딩 제자는 이에 대해 구멍을 이렇게 정의(표현)했다.

| 참고 | 긴 링(실로 만든 닫힌 곡선)을 끼워 서로 분리되지 않는 것 |

링(닫힌 곡선)

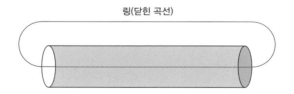

이렇게만 자라다오

이 정의는 도형을 주물러서 변하지 않는 성질을 연구하는 〈위상기하학〉의 관점으로 보면 더욱 명확해진다. 빨대를 길이를 줄이면서 두

께를 두껍고 둥글게 주무르면 도넛 모양이 된다. 중딩 제자의 정의에 따라 도넛 모양에 링을 끼워도 링과 도넛은 서로 분리되지 않는다.

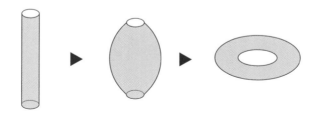

위상기하학의 관점에서 도넛의 구멍은 1개이므로 빨대의 구멍도 1개라고 봐야 한다.

쾨니히스베르크의 다리

쾨니히스베르크, 철학의 제왕 칸트가 출생부터 사망까지 단 한 번도 밖으로 나가지 않았다고 알려진 도시다. 이 도시에는 칸트 만큼이나 유명한 수학 문제가 있었다.

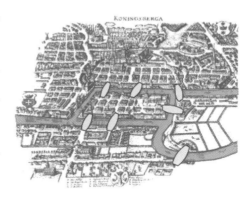

쾨니히스베르크에는 프레겔강이 흐르고 7개의 다리가 놓여있다. 모든 다리를 한번씩만 건너는 경로가 존재하는가?

이게 바로 〈쾨니히스베르크의 다리〉 문제이다. 많은 사람들이 이 문제를 풀기 위해 발품을 팔았지만, 당대 최고의 수학자 오일러1707~ 1783스위스가 나타나

"그런 경로는 없습니다!"

더 이상 발품을 팔지 말라고 잘라 말한다. 오일러는 이를 〈한붓그리기〉 이론으로 설명했다.

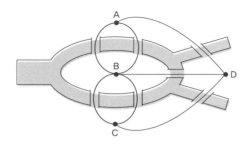

우선, 강으로 나누어진 네 구역은 점 A, B, C, D로 다리는 선으로 나타냈다. 모든 다리를 한 번씩만 건너는 문제가 모든 선을 한 번에 그리는 한붓그리기 문제로 바뀐 것이다.

오일러는 각 점에 연결된 선의 개수를 조사하고 각 점에 연결된 선의 개수가 짝수개이면 〈짝수점〉 홀수개이면 〈홀수점〉이라 하고 한붓그리기가 가능한 도형은 홀수점이 없거나, 2개인 경우라고 말한다.

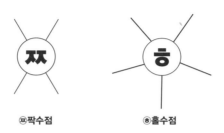

'쾨니히스베르크의 다리' 문제의 각 점의 짝수점/홀수점 여부를 조사해보면

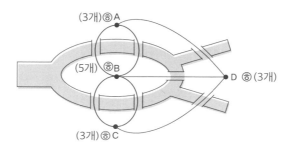

홀수점이 4개나 되어 한붓그리기가 불가능했던 것이다. 오일러는 발품을 팔지 않고도 수학을 이용해 경로가 없음을 알 수 있었다.

※　※　※

한붓그리기가 가능한 도형을 〈오일러 경로〉라고 하는데, 한붓그리기를 해보면 주어진 점들은

출발점 | 경유지 | 도착점

으로 분류할 수 있으며, 특히, 출발점과 도착점이 일치하는 경우를 〈오일러 회로〉라고 한다. 회로의 '회回'는 '돌아올 회'다.

(1) [출발점≠도착점]인 오일러 경로는

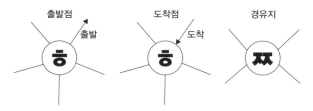

출발점≠도착점인 오일러 경로

출발점과 도착점은 출발선과 도착선이 하나씩 더 있어서 홀수점이며, 경유지는 선들이 지나가므로 짝수점이다. 따라서 홀수점은 2개!

(2) [출발점=도착점]인 오일러 회로는

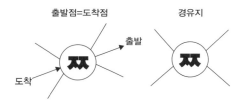

출발점=도착점인 오일러 경로

출발점이자 도착점은 출발선과 도착선이 동시에 있어서 짝수점이며, 경유지는 선들이 지나가므로 짝수점이다. 따라서 홀수점은 없다!

기하학의 절대 권력이었던 〈유클리드 기하학〉에서는 두 도형이 '포개어짐'이 가능할 때, 두 도형이 서로 '합동' 즉 같은 것으로 인식된다.

하지만 '쾨니히스베르크의 다리' 문제의 핵심은 땅의 넓이와 다리의 길이가 아니라 연결 구조에 있었다. 실제 지도와 오일러가 종이에 그린 그림은 포개어지지 않지만 구조적으로 같은 것이었다. 기하학에서 '같음'의 인식이 바뀐 것이다.

오늘날 우리는 지하철 노선도를 보면서 실제 도로와 같다고 인식하며 지하철로 이동할 수 있다. 이는 오일러가 실제 길을 잘 주물러준 덕택이다.

쾨니히스베르크 다리를 소재로 한 '한붓그리기'이론은 '주물럭 기하학'* 〈위상기하학topology〉의 시발점이 되었으며, 이 중 한 분야인 〈그래프 이론〉으로 발전한다.

위상동형 ━━━━━━━━━━

위상기하학에서는 두 도형이 주물러서 같아지면 합동 대신 〈위상동형homeomorphic〉이라고 한다. 일상에서 '위상동형'을 찾아보자.

[1] 당신의 얼굴은 데이비드 베컴 또는 오드리 햅번과 위상동형이다. 잘 주무르면 된다.

[2] 구와 모든 정다면체(정사면체/정육면체/정팔면체/정십이면

---

*보통 위상기하학을 '고무판 기하학'이라고도 하는데, 필자는 '주물럭'이라는 표현을 더 좋아한다.

체/정이십면체)는 서로 위상동형이다.

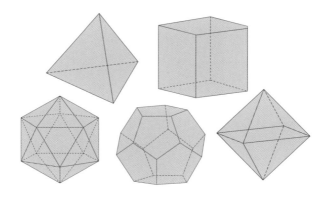

[3] 빨대와 도넛, 그리고 커피잔까지 세 도형은 서로 위상동형이다.

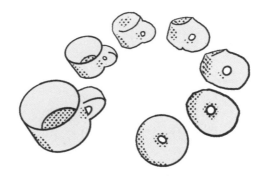

[4] 구멍 뚫린 개수가 다른 도넛(?)들은 서로 위상동형이 아니다.

이는 도형을 잘라보면 된다. 도형을 몇 번까지 잘라도 한 덩어리를 유지할 수 있는가를 위상기하학에서는 〈종수genus of a surface〉라고 하는데 구멍이 한 개인 도넛(좌측)은 종수가 1, 다시 말해, 한 번 자르면 한 덩어리를 유지할 수 있지만 두 번 자르면 두 덩어리로 분리된다. 구멍이 두 개인 도넛(중앙)의 종수는 2, 구멍이 세 개인 도넛(우측)의 종수는 3이다. 위상동형의 판단도 "봐라, 주무르니까 같지?" 이게 아니라, 수학적인 기준이 필요한 것이다.

오일러는 〈오일러 표수〉도 만들었다. 이는 위상동형인 도형끼리 꼭짓점의 개수(v), 모서리의 개수(e), 면의 개수(f)를 조사해보면 v-e+f의 값이 같다는 것이다.

대표적인 오일러 표수는 〈오일러 다면체 공식〉이다. 내부가 뚫리지 않은 다면체에서는

$$v-e+f=2$$

가 성립한다는 것!

	정사면체	정육면체	정팔면체	정십이면체	정이십면체
꼭짓점의 개수	4개	8개	6개	20개	12개
모서리의 개수	6개	12개	12개	30개	30개
면의 개수	4개	6개	8개	12개	20개
v-e+f	2	2	2	2	2

정다면체는 물론, 2002년 한일월드컵에 사용된 피버노바 축구공은 12개의 정오각형과 20개의 정육각형으로 만든 복잡한 다면체이지만, 이 또한 정다면체

와 위상동형으로

$$v(60)-e(90)+f(32)=2$$

'다면체 공식'을 깔끔하게 만족시킨다.

수학자들은 집합과 함수를 이용해 위상동형을 엄밀하게 정의한다.

위상동형

두 위상공간 X, Y에 대하여 함수 $f:X{\rightarrow}Y$가 일대일대응이고 f와 f^{-1}가 모두 연속이면 f를 위상동형사상이라고 한다. 두 위상공간 사이에 위상동형사상이 존재하면 두 공간은 위상동형이다.

위상기하학은 '커피잔=도넛'이라는 재미있는 사실에 어린아이의 호기심으로 시작하지만, 막상 공부하면 너무 어렵다. 위상기하학 토폴로지^{topology}의 별명이 "또 모르지"인 이유가 여기에 있다.

4색 정리

1852년, 프랜시스 구드리는 영국의 지도를 서로 다른 네 가지의 색을 이용하여 이웃한 주^州를 구분할 수 있다는 것을 알게 된다. 당시 구드리는 스승이자 유명한 수학자인 드 모르간^{1806~1871 영국}에게 이 문제가 보편적으로 성립하는지 질문한다. 이게 바로 〈4색 정리〉다.

인접한 영역은 서로 다른 색으로 칠할 때, 모든 지도를
4가지 색을 사용하여 구분할 수 있다.

　드 모르간은 오일러가 '쾨니히스베르크의 다리' 문제에서 도입한
〈그래프 이론〉을 사용했다. 각 영역을 점으로, 인접한 영역끼리는 선
으로 연결한 그래프로 지도를 단순화하는 것이다.
　미국의 지도(알래스카나 하와이를 제외한 본토)를 예로 들면 각 주
에 점을 찍고, 인접한 주끼리는 선으로 연결한 후, 각 점에 신호등처
럼 색을 채워나가면 네 가지의 색으로 초대형 크리스마스 트리 같은
예쁜 그림을 만들 수 있다.

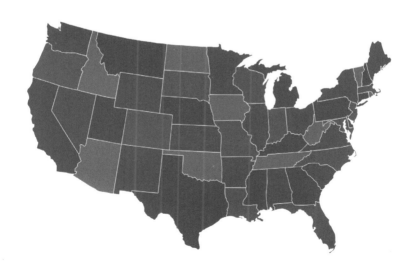

그러나, 미국과 같이 큰 나라를 네 가지 색으로 채울 수 있다고 해도 세상의 모든 지도를 네 가지 색으로 채울 수 있다는 보장은 없다.

드 모르간은 〈평면그래프〉와 〈완전그래프〉에 주목한다.

평면그래프

점을 연결한 선이 평면 위에서 교차하지 않게 그려지는 그래프

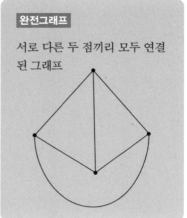

완전그래프

서로 다른 두 점끼리 모두 연결된 그래프

오른쪽 그림과 같이 네 점으로 만든 '평면그래프'는 '완전그래프'가 될 수 있다. 네 점이 모두 인접하므로 이 구조의 영역을 구분하여 색칠하려면 서로 다른 네 가지 색이 필요하다.

하지만 왼쪽 그림과 같이 다섯 점으로 만든 '평면그래프'는 '완전그래프'가 될 수 없다. 이는 서로 다른 다섯 영역이 서로 인접하는 지도는 존재할 수 없다는 것으로 실제 다섯 점으로 만든 '평면그래프'는 네 가지 색으로 구분이 가능하다.

드 모르간의 생각은 훌륭했다. 하지만, 영역의 개수가 늘었을 때, 네 가지 색으로 영역의 구분이 가능하다는 보장은 여전히 없었다.

이후 100년 넘게 '4색 정리'는 많은 수학자들의 어그로를 끌며 조금씩 실마리를 찾아나갔다.

1879년 알프레드 켐프는 4색 정리의 증명을 발표했으며, 많은 사람들이 이를 참으로 믿고 있었으나, 1890년 퍼시 히우드는 켐프의 증명에 오류를 발견하였으며, 동시에 모든 지도는 다섯 가지 색으로 구분이 가능하다는 〈5색 정리〉의 증명을 발표했다.

1940년에는 35개 이하의 영역은 네 가지 색으로 구분할 수 있음이 밝혀졌으며 1970년대 중반, 일리노이 대학의 수학자 볼프강 하켄 1928~2022 미국 은

"만약, 4색 정리가 거짓이라면, 다섯 가지 색을 사용하여

영역을 구분해야 하는 지도가 존재할 것이다."

반대를 가정해 모순을 찾는 귀류법을 사용해 4색 정리의 증명에 도전했다.

볼프강 하켄

하켄은 컴퓨터 과학자 케네스 아펠1932~2013 미국과 함께 지도에서 인접한 영역의 연결 상태를 1936가지* 유형으로 분류하고, 컴퓨터 풀가동! 전기료 팍팍 써가며 증명을 시도한다.

그리고 마침내 1976년, 4색 정리의 증명에 성공한다.

바바바바바밤!!

구드리가 드 모르간에게 했던 질문이 124년 만에 해결된 것이었다.

이 증명은 인간과 컴퓨터가 합작하여 풀어낸 첫 번째 난제였으며, 당시 슈퍼컴퓨터가 1200시간 동안 1미터가 넘는 인쇄물을 쏟아낸 노가다의 끝판왕이었다. 만약 인간의 손으로 풀었다면 지금까지도 풀고만 있을 것이다. 그런 의미에서, 4색 정리를 아직까지 미해결 난제로 보는 수학자들도 있다.

오늘날 '4색 정리'는 지도는 물론, 디자인과 회로 이론에도 사용되고 있다. 휴대전화의 기지국 배치도 같은 주파수를 가진 기지국이 인접하지 않아야 해서 4색 정리를 활용하고 있다.

뫼비우스의 띠 & 클라인 병 ━━━━━━

소설가 조세희의 연작소설 〈난쏘공〉난장이가 쏘아올린 작은 공은 1978년

---

*이후, 1936가지의 유형은 633가지의 유형으로 줄어들게 된다.

책으로 발간되었는데, 이 중 첫 번째 단편은 '뫼비우스의 띠'였다. 이 사회에서 선과 악은 관점에 따라 뒤바뀔 수 있음을 의미했다.

한국의 문학 작품에서도 등장한 〈뫼비우스의 띠〉는 독일의 위상기하학자 아우구스트 뫼비우스[1790~1868]가 1858년 만든 도형이다. 긴 직사각형 모양의 종이테이프의 한쪽을 말아 붙이면 만들어진다.

수학자 뫼비우스(좌), 뫼비우스의 띠(우)

이 도형의 특징은 안과 밖이 없다. 수학 천재였던 판화가 에셔는 개미들로 이를 표현했다. 이 개미들은 안과 밖을 구분하지 못하며, 계속 이동하다 보면 무한 루프[infinite loop]에 빠진다.

긴 종이 테이프를 비틀지 않고 말면, 납작한 원기둥의 옆면이 만들어진다. 이는 앞에서 언급한 빨대와 위상동형이다. 뫼비우스의 띠를 빨대로 변형하려면, 위상기하학에서 사용 금지된 가위(✂)라는 도구를 사용하는 수 밖에 없다. 뫼비우스의 띠와 빨대는 위상동형이 아니다.

일상과 아무 관련이 없을 것 같은 뫼비우스의 띠는 오늘날 공장의
컨베이어 벨트, 에스컬레이터의 벨트에 활용된다. 양면이 골고루 닳
게 되어 경제적이고 바퀴에서 이탈률이 적기 때문이다. 양면에 모두
녹음이 되는 뫼비우스 필름도 등장했다. 오늘날 무한대 기호(∞)는
뫼비우스의 띠를 형상화 한 것이다. 닛산자동차의 대표 브랜드 〈인피
니티infinity〉의 로고는 무한대 기호에 소실점을 가미해 만들었다. '뫼
비우스의 띠'와 '사영기하학'을 콜라보한 것이다.

〈난쏘공〉의 10번째 단편은 '클라인 씨의 병'이다. 여기에서 병은
bottle이다. 클라인 씨는 건강하다. 1882년 독일의 기하학자 클라인
1849~1925은 〈뫼비우스의 띠〉의 입체 버전 〈클라인 병〉을 만들었다.

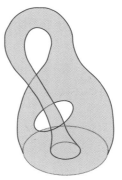

펠릭스 클라인(좌), 클라인 병(우)

원기둥 모양의 긴 호스를 원형으로 말아 붙이면 도넛 모양이 만들어진다. 도넛을 만드는 척 하다가 호스의 한 쪽을 비틀어 입구의 반대 방향으로 붙이면 클라인 병이 만들어진다.

개미가 이 병의 안쪽을 타고 들어가면 다시 밖으로 나오게 되어있다. 도넛은 안쪽 면과 바깥쪽 면이 구분되지만, 클라인 병은 안과 밖의 구분이 없다. 얼핏 보면, 면에 구멍이 뚫려있는 것 같지만, 사실상 3차원 공간에서 불가능한 4차원 초현실 도형이며, 뫼비우스의 띠 두 개를 말아 붙여 만들 수 있다. 하지만 이 경우에도 띠가 자신의 표면을 뚫고 나와야 한다.

'클라인 병'을 모티브로, 많은 수학자들은 구를 자르지 않고, 안팎을 뒤집는 시도를 했으며 1958년 스티븐 스메일[1930~ 미국]은 구 뒤집기에 성공한다. 단, 구가 자신의 표면을 뚫을 수 있다는 조건이었다. 언젠가 현실에서 클라인 병의 구현이 가능해진다면...

굴 안 까고 먹기, 피 안 흘리고 수술하기

가 가능해지는 것이며, 우리가 우주라는 4차원 유리병 속의 개미라면, 우주 밖으로 나갈 수 있게 될 것이다.

스티븐 스메일은 1966년 수학의 노벨상, 필즈상을 수상한다. 5차원이상의 모든 차원에 대한 〈푸앵카레의 추측〉을 풀어냈기 때문이었다.

푸앵카레의 추측은 위대한 위상기하학자 앙리 푸앵카레[1854~1912 프랑스]가 1904년에 제시한 밀레니엄 난제 중 하나다.

> **푸앵카레의 추측**
>
> 단일연결이며 컴팩트한 3차원 다양체는 3차원 구면 $x^2+y^2+z^2+t^2=r^2$ 과 위상동형이다.

여기에서 단일연결이란 팽팽하게 당기면, 하나의 점이 된다는 뜻이며, 컴팩트하다는 건 경계 없이 무한히 뻗어나가지 않는다는 뜻이다. 쉽게 말해, 컴팩트한 우주의 어느 한 점에서 우주에 무작위로 로켓을 쏘아 제자리에 왔을 때, 항상 실이 당겨지면 우주는 3차원 구면과 위상동형이라는 것이다.

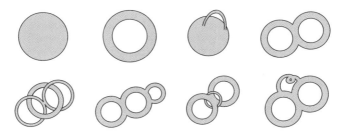

윌리엄 서스턴이 제안한 우주의 8가지 모델

스메일 이후, 마이클 프리드먼은 4차원에서 '푸앵카레의 추측'을 증명했으며, 1982년 윌리엄 서스턴[1946~2012 미국]은 3차원에서 가능한 우주의 8가지 모델을 제시하는데, 이게 바로 〈기하화 추측〉이다. 그리고, 마침내 2002년 러시아의 수학자 그레고리 페렐만[1966~ 러시아]은 '기하화 추측'을 증명한다. 우주의 8가지 모델 중, 하나만 구면이었기 때문에 '푸앵카레의 추측'은 자동으로 증명된 것이다.

인/타/쌍/피

한 방에 두 개의 추측을 정리로 승격시킨 페렐만은 세계적인 수학자로 등극한다. 그러나 페렐만은 필즈상은 물론, 클레이연구소가 내건 100만 달러의 상금도 거절한다. 거절 사유는

"내가 우주의 비밀을 쫓고 있는데, 100만 달러를 쫓겠는가!"

였다. 이 대목에서 독자분들의 반응은 필자와 같을 것이다. "나 좀…"

이후 페렐만은 인터뷰 일체를 거부하며 잠적 후, 노모와 함께 은둔형 수학자로 살아가고 있다.

그레고리 페렐만과 그의 모친

100년 전, 푸앵카레는 자신의 논문 말미에 이렇게 쓴 바 있다.
"이 문제는 우리를 아득히 먼 곳으로 데려갈 것이다."

생방송 뉴스가 진행되는데, 실시간으로 모니터에 뉴스 화면이 잡힌다.

이 화면에서 현실적으로 모순되는 부분을 찾아보자. (제한 시간 10초)

빙고(Bingo!)

전체 화면을 계속 축소 복사해서 붙이면 앵커가 무한히 등장해야 한다. 이때, 전체 화면을 TV의 약자를 따서 T라고 하면 T 안에 T 안에 T 안에 … T가 반복되는 소위 '프랙탈 구조'가 만들어진다.

$$T \quad T \quad T \quad T \quad T \quad \cdots$$

이와 같이 내 안에 내가 계속 들어있는... 무한 자기 복제 도형을 〈프랙탈fractal〉이라고 한다. 이 말의 어원은 쪼갠다는 뜻의 라틴어 프랙투스frāctus에서 나온 말로 프랙탈의 아버지로 불리는 브누아 망델브로1924~2010 프랑스가 언급했다.

프랙탈 히스토리 ━━━━━━━━

망델브로는 1967년 『사이언스지』에 "영국 해안선의 총 길이는 얼마인가?"라는 글을 발표한다. 이에 따르면 자의 길이가 짧아질수록 해안선의 둘레는 늘어나며, 자의 길이를 무한소로 줄이면 해안선의 길이는 무한대가 된다는 것이었다. 비유하자면

공룡 ➡ 사람 ➡ 생쥐 ➡ 개미 ➡ 아메바

발걸음이 작아질수록 해안선의 길이는 길어지며, 아메바가 해안선을 따라 걸으면 그 길이는 거의 무한대가 된다는 황당한 이야기다.

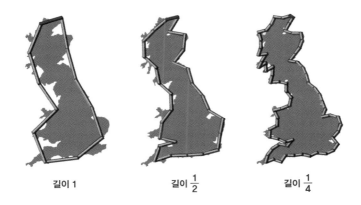

| 길이 1 | 길이 $\frac{1}{2}$ | 길이 $\frac{1}{4}$ |

영국이라는 땅덩어리의 넓이는 유한한데, 둘레가 무한하다니! 이는 해안선이 자기 닮음을 반복하는 프랙탈 구조이기 때문이었다.

당시, 망델브로의 생각은 주목을 끌지 못했지만 나뭇가지와 소라 껍데기, 눈의 결정 구조와 번개, 인체의 뇌주름과 혈관 등등 자연에서 다양한 프랙탈 구조가 발견되면서 프랙탈은 20세기 기하학 혁명으로 각광받게 되었다.

❄ ❄ ❄

프랙탈의 역사는 르네상스 시대로 거슬러 올라간다.

500년 전, 최고의 천재 레오나르도 다 빈치는 나뭇가지가 2개, 4개, 8개, 16개, … 두 배로 무한히 뻗어나가며, 단면(원)의 반지름이 절반으로 줄어들 때, 나뭇가지를 자르면 그 단면의 넓이는 남아있는 가지의 단면의 넓이의 합과 같다고 했다.

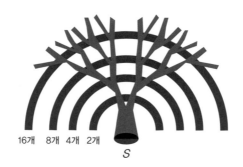

16개 8개 4개 2개

S

잘라진 단면의 넓이를 S라 할 때, 남아있는 가지의 단면의 넓이와 그 개수는

단면의 넓이	$\dfrac{1}{4}S$	$\left(\dfrac{1}{4}\right)^2 S$	$\left(\dfrac{1}{4}\right)^3 S$	… …
개수	2개	2^2개	2^3개	… …

단면의 넓이와 개수의 곱을 모두 더하면

$$\frac{1}{2}S + \frac{1}{4}S + \frac{1}{8}S + \cdots = \frac{\dfrac{1}{2}S}{1 - \dfrac{1}{2}} = S$$

잘라진 단면의 넓이와 같다. 수학이 빠지면 다 빈치가 아니다.

해석학의 신 칼 바이어슈트라스[1815~1897 독일]는 모든 점에서 연속이면서 미분불가능한(꺾여있는) 〈바이어슈트라스 함수〉를 발표한다. 이 그래프를 확대해보면, 부분이 전체와 닮은 프랙탈 도형이다.

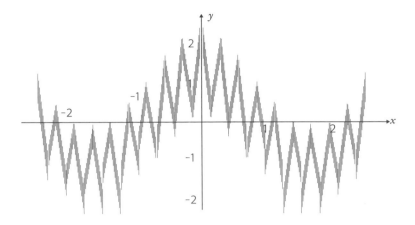

19세기 후반, 칸토어는 선분을 3등분하여 가운데를 버리는 시행을 반복하는데, 이게 바로 〈칸토어의 먼지〉다.

이 시행을 무한히 반복하면, 전체가 사라지므로 먼지 한 톨 남지 않는다.

주세페 페아노는 대왕 정사각형을 무한히 쪼개어 중심을 지나는 평면 충전곡선 〈페아노 곡선〉을 만들었으며, 힐베르트는 이를 발전시켜, 입체 충전곡선 〈힐베르트 큐브〉를 만들었다. 힐베르트 큐브는 입체를 채우는 가장 구불구불한 무한 경로다.

페아노곡선

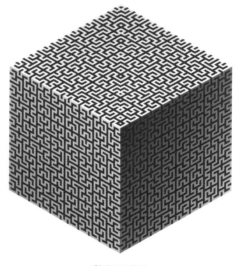

힐베르트 큐브

20세기 초, 스웨덴의 수학자 폰 코흐는 정삼각형의 각 변을 삼등분하여, 가운데에 뿔을 만드는 방식으로 〈코흐의 눈송이〉를 만들었다. 이 도형은 영국의 해안선처럼 작은 자로 잴수록 둘레가 길어지는 도형이다.

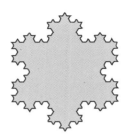

폴란드의 수학자 시어핀스키는 〈시어핀스키 양탄자〉를 만들었는데, 이 양탄자는 정사각형을 9등분하여 가운데를 버리는 시행을 무한 반복하는 것이다.

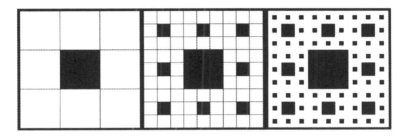

1926년, 오스트리아의 경제학자이자 수학자 카를 멩거는 시어핀스키 양탄자의 입체 버전 〈멩거 스펀지〉를 만들었다. 이 스펀지는 무한히 구멍난 치즈 모양으로 결국 치즈는 남지 않으며 이 치즈의 단면도 프랙탈 도형이다.

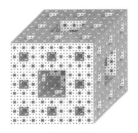

멩거 스펀지

멩거 스펀지의 단면

프랑스의 수학자 가스통 줄리아는 복소평면에서

$$Z_{n+1}=Z_n^2+C$$

를 만족하는 복소수 Z를 모아 〈줄리아 집합〉을 만들었다. 오늘날 컴퓨터에 C의 값을 입력하면 다양한 줄리아 집합이 만들어진다.

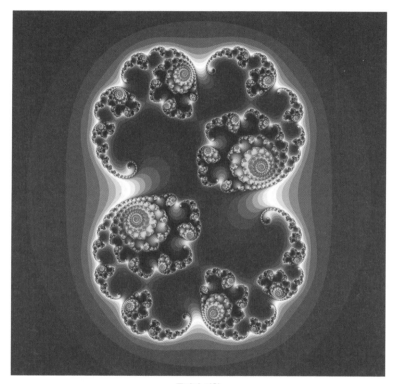

줄리아 집합

이렇게 많은 수학자들의 연구를 집대성하여 망델브로는 1982년 『자연의 프랙탈 기하학』이라는 프랙탈의 교과서를 집필했다. 망델브로는 한 평생을 프랙탈 연구에 바쳤다.

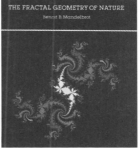

브누아 망델브로(좌), 자연의 프랙탈 기하학(우)

프랙탈의 길이와 넓이

대표적인 프랙탈 도형인 '코흐의 눈송이'의 둘레의 길이와 넓이를 구해보자.

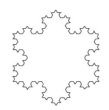

프랙탈 도형은 무한 자기 닮음 도형으로 이웃항의 비가 일정하므로 그 길이와 넓이를 등비수열을 이용하여 구할 수 있다.

(1) 코흐 눈송이의 둘레의 길이

눈송이의 둘레는 매 단계마다 선분의 길이가 $\dfrac{4}{3}$배가 되므로 처음 정삼각형의 둘레의 길이를 l이라 할 때

$$l \ \blacktriangleright \ \frac{4}{3}\,l \ \blacktriangleright \ \left(\frac{4}{3}\right)^{2} l \ \blacktriangleright \ \cdots$$

공비가 $\dfrac{4}{3}$인 등비수열로, 둘레의 길이는 무한대로 발산한다. 영국 해안선의 둘레의 길이가 무한대가 되는 것과 같은 이유다.

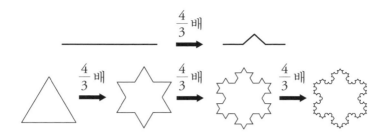

(2) 코흐 눈송이의 넓이

처음 정삼각형의 넓이를 S라 할 때, 단계별로 추가 생성되는 정삼각형의 크기와 개수를 구하면 다음과 같다.

	처음	1단계	2단계	3단계	...
크기	S	$\dfrac{1}{9}S$	$\left(\dfrac{1}{9}\right)^2 S$	$\left(\dfrac{1}{9}\right)^3 S$	...
개수	1	3	3×4	3×4^2	...

크기와 개수를 곱하면서 더해나가면

$$S + \frac{1}{3}S + \frac{4}{27}S + \frac{16}{243}S + \cdots = S + \frac{\frac{1}{3}S}{1 - \frac{4}{9}} = \frac{8}{5}S$$

제2항부터 공비가 $\dfrac{4}{9}$인 무한등비급수가 되므로 넓이는 처음 정삼각형의 $\dfrac{8}{5}$배가 된다.

프랙탈의 차원

프랙탈 도형은 대체적으로 다음과 같은 기하적 특성을 지닌다.

❶ 길이는 무한, 넓이는 유한하다.

❷ 모든 점에서 연속이지만 미분불가능한 도형이다.

❸ 대체적으로 소수 차원을 갖는 차원 분열 도형이다.

$$0 < \text{선분의 차원} < 1$$
$$1 < \text{평면의 차원} < 2$$
$$2 < \text{입체의 차원} < 3$$

집합론과 위상기하학에 큰 업적은 남긴 독일의 수학자 하우스도르프[1868~1942]는 프랙탈의 차원을 이렇게 정의했다.

하우스도르프 차원

프랙탈 도형의 길이를 X배 했을 때, 자신과 합동인 부분 N개로 나누어지면 프랙탈 도형의 차원은 $\dfrac{\log N}{\log X}$

몇 가지 프랙탈 도형의 〈하우스도르프 차원〉을 조사해보자.

(1) 시어핀스키 카페트는 3배하면 8개 ➡ $\dfrac{\log 8}{\log 3} = 1.89$차원

(2) 멩거 스펀지는 3배하면 20개 ➡ $\dfrac{\log 20}{\log 3} = 2.73$차원

(3) 힐베르트 큐브는 2배하면 8개 ➡ $\dfrac{\log 8}{\log 2} = 3$차원

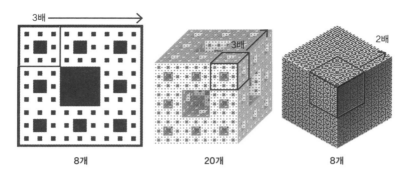

3배

8개

3배

20개

2배

8개

　소수 차원을 갖는 대부분의 프랙탈 도형과 달리 힐베르트 큐브처럼 내부가 꽉 채워진 프랙탈 도형은 자연수 차원을 가지기도 한다.

프랙탈과 현대 문명

　신이 선물해주신, 자연의 프랙탈을 모티브로 인간은 예술과 산업에서 새로운 문명을 창조해나간다.

　수학자보다 수학 잘하는 판화가 에셔는 쌍곡기하학을 도입하여, 프랙탈 아트의 지평을 열었다. 이 작품에서는 천사와 악마가 유한 공간을 무한히 채우고 있다.

쌍곡기하학을 활용한 〈원의 극한〉

액션페인팅의 대가 잭슨 폴록은 붓으로 물감을 뿌리면서 프랙탈 기법을 사용했는데, 진품가품 여부를 수학으로 판단해야만 했다.

한국이 낳은 비디오 아트의 대가 백남준 선생님은 1993년 대전 엑스포에서 〈프랙탈 거북선〉*을 전시하여 세계적인 화제가 되는데 거북선을 이루는 모니터는 거북선을 의미한다. 2022년, 대전 시립 미술관은 백남준 탄생 90주년 기념으로 프랙탈 거북선을 복원했다.

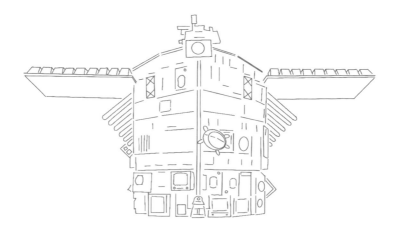

프랙탈 거북선

에펠탑의 격자 구조, 가우디의 사그라다 파밀리아 성당(성가족성당), 칼라트라바의 리스본 기차역은 프랙탈 건축물의 지평을 열었다.
전자기기의 회로와 안테나는 작은 덩치로 많은 일을 하기 위해 프랙탈 구조를 사용한다.

---

*당시 이름은 〈비정수의 거북선〉이었다.

카오스(혼돈)는 무질서한 불규칙 운동이지만 미세입자의 브라운 운동은 바깥 경계가 프랙탈을 그리기도 한다. 주식이나 기후 그래프도 확대하면 부분이 반복되는 프랙탈이 보인다. 그래서 주식을 전체적으로 분석할 때, 내부 구조를 볼 필요가 있다.

이와 같이 프랙탈은 현대 문명과 함께 무한히 진화했다. 오늘날 프랙탈은 수능 단골 메뉴

무한등비급수와 도형

문제로도 종종 출제된다.

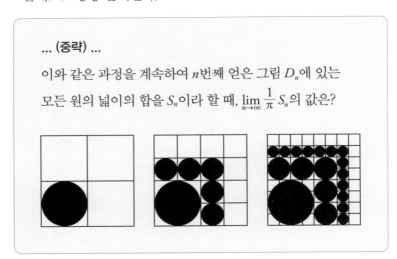

... (중략) ...

이와 같은 과정을 계속하여 n번째 얻은 그림 D_n에 있는 모든 원의 넓이의 합을 S_n이라 할 때, $\lim_{n \to \infty} \dfrac{1}{\pi} S_n$의 값은?

자매품으로 내신 문제도 있다.

문제 $a = \sqrt{1 + \sqrt{1 + \sqrt{1 + \sqrt{1 + \cdots}}}}$ 일 때, a의 값은?

이 역시 프랙탈 구조를 가지고 있다. 프랙탈 도형이 생명체라면

"내 안에 내가 있다"

라고 말할 것이다. 잘 들여다보면 a안에 a가 들어있다.

$a=\sqrt{1+a}$ 양변을 제곱하면 $a=\dfrac{1+\sqrt{5}}{2}$ 가 된다.

필자는 이 문제를

문제라고 부른다. 껍질이 무한개라서 한 껍질 벗겨내도 같은 양파
가 되는 것이다.

✺　　✺　　✺

프랙탈을 접하다 보면

"프랙탈은 자연이 인류에게 준 선물"

"프랙탈은 인류가 자연에게 준 선물"

둘 중 무엇이 맞는지 생각해보게 된다.

이는 "수학은 발견인가? 발명인가?"라는 질문과 그 맥이 닿아있다.
인간은 자연에서 수학을 발견하기도 한다. 하지만 이를 수식과 알고
리즘으로 만들어내는 인간의 능력은 발명에 가깝다.

해안선과 번개에서 프랙탈을 꺼내어 인류에게 현대 문명을 선물해
준 망델브로와 수학자들에게 감사를 표한다.

"이쯤에서 마치는 게 좋겠습니다."

역대급 난제 〈페르마의 마지막 정리〉의 증명에 성공한 앤드류 와일즈가 분필을 내려놓으며 남긴 말이다. 그냥 증명을 마친다는 것인지, 350년 간 도전과 좌절의 역사를 마친다는 것인지는 와일즈 만이 알 것이다!

이 멋진 멘트에 필자도 숟가락을 얹어본다.

❋　　❋　　❋

겨우 책 한 권 마무리한 여정이지만, 개인적으로 너무 행복한 시간이었다. 이 책을 읽은 분들이 즐거운 수학여행이 되었다면 만족, 수학이 이토록 멋짐을 알게 되었다면 대만족이다.

1996년 작고하신, 『코스모스』의 저자 칼 세이건 선생님은 **"우리처럼 작은 존재가 이 광활함을 견디는 방법은 오직 사랑뿐이다."**

라고 말씀하셨다.

집필하는 동안 주위를 둘러보지 못했다. 당분간은 사랑하는 가족과 벗들, 제자들과 소회를 나누고 싶다.

수학의 분류(맵)

부록 ❷
수학사 뉴스

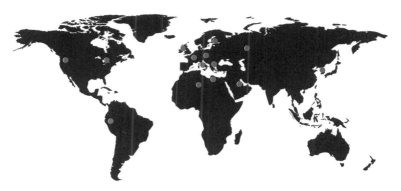

●은 사건이 발발한 지역 또는 수학자의 국적

BC 4만년 | 스와질랜드 | 레봄보 뼈에 숫자로 추정되는 낙서

BC 3000년 | 페루 | 고대 잉카인들이 키푸 매듭 사용

BC 1800년 | 바빌론 | 점토판 〈플림턴 322〉에 60진법을 표현

BC 1600년 | 이집트 | 서기관 아메스가 파피루스에 수학을 기록

BC 500년 | 그리스 | 피타고라스 학파가 각지에 수학을 전파

BC 350년 | 그리스 | 플라톤이 정다면체 〈플라톤 입체〉 연구

BC 300년 | 그리스 | 유클리드가 〈유클리드 원론〉 집필

BC 250년 | 그리스 | 아르키메데스가 〈원주율〉〈구분구적법〉 발표

BC 230년 | 그리스 | 아폴로니우스가 〈원뿔곡선론〉 집필

100년 | 그리스 | 프톨레마이오스가 〈톨레미의 정리〉 발표

628년 | 인도 | 브라마굽타가 〈브라마시단타〉로 0과 아라비아 숫자 전파

800년대 초반 | 페르시아 | 알 콰리즈미가 〈알고리즘〉과 〈앨지브라〉의 어원이 됨

1202년 | 이탈리아 | 피보나치가 〈산반서〉에 〈피보나치 수열〉 수록

1494년 | 이탈리아 | 파치올리가 〈복식부기〉 발표

1541년 | 이탈리아 | 타르탈리아가 삼차방정식의 해법 개발

1545년 | 이탈리아 | 카르다노가 〈위대한 술법〉에 삼차·사차방정식의 일반해 발표

1614년 | 영국 | 네이피어가 〈로그〉 제작

1637년 | 프랑스 | 데카르트가 〈해석기하학〉 도입

1639년 | 프랑스 | 데자르그가 사영기하학의 〈데자르그 정리〉 발표

1600년대 중반 | 프랑스 | 파스칼과 페르마가 〈확률론〉의 기초 정립

1600년대 후반 | 영국·독일 | 뉴턴과 라이프니츠가 〈미분법〉 창시

1715년 | 영국 | 브룩 테일러가 〈테일러 급수〉 발표

1722년 | 영국 | 드 무아브르가 〈드 무아브르 정리〉 발표

1700년대 중반 | 스위스 | 오일러가 〈오일러 공식〉〈다면체 공식〉 발표

1763년 | 영국 | 토머스 베이즈가 〈베이즈 정리〉 발표

1765년 | 프랑스 | 몽주가 〈화법기하학〉을 발표

1772년 | 프랑스 | 라그랑주가 〈라그랑주 포인트〉 발표

1800년 전후 | 독일 | 가우스가 〈최소제곱법〉〈대수학의 기본정리〉 도입

1800년대 초반 | 헝가리·러시아 | 볼리아이·로바체프스키가 〈쌍곡기하학〉 발표

1822년 | 프랑스 | 조제프 푸리에가 〈푸리에 급수〉 발표

1826년 | 노르웨이 | 아벨이 오차방정식의 일반해가 없음을 발표

1832년 | 프랑스 | 갈루아가 〈군론〉을 남기고 21세에 사망

1833년 | 영국 | 찰스 배비지가 기계식 계산기 〈해석기관〉 고안

1843년 | 영국 | 해밀턴이 〈4원수〉를 발견

1848년 | 영국 | 실베스터가 〈행렬〉 용어를 공식 사용

1800년대 중반 | 독일 | 리만이 〈리만 기하학〉 발표

1800년대 중반 | 프랑스 | 코시가 〈입실론−델타 논법〉으로 미적분 엄밀화

1800년대 중반 | 영국 | 조지 불이 〈불 대수〉 창안

1858년 | 독일 | 뫼비우스가 〈뫼비우스의 띠〉 고안

1872년 | 독일 | 클라인이 〈에를랑겐 리스트〉에서 기하학의 기준을 세움

1870년대 | 독일 | 데데킨트가 〈데데킨트 절단〉 발표

1889년 | 이탈리아 | 주세페 페아노가 〈페아노 공리〉 발표

1800년대 후반 | 독일 | 칸토어가 〈알레프수〉, 〈연속체 가설〉 발표

1900년 | 독일 | 힐베르트가 파리 세계수학자대회에서 23개의 문제를 제시

1901년 | 영국 | 버트런드 러셀이 〈이발사 패러독스〉 발표

1900년대 초반 | 독일 | 체르멜로와 프랭켈이 〈ZFC 공리계〉 발표

1920년대 | 영국 | 로널드 피셔가 〈추론통계학〉 창시

1930년 | 미국 | 쿠르트 괴델이 〈불완전성 정리〉 발표

1937년 | 영국 | 앨런 튜링이 〈튜링 머신〉 고안

1947년 | 미국 | 노버트 위너가 〈사이버네틱스〉 창시

1948년 | 미국 | 클로드 섀넌이 〈정보 이론〉 개척

1952년 | 미국 | 폰 노이만이 최초의 현대식 컴퓨터 〈에드박〉 발표

1958년 | 영국 | 로저 펜로즈가 〈펜로즈 삼각형〉 고안

1960년대 | 프랑스 | 그로센딕이 대수기하학에 〈스킴 이론〉 도입

1976년 | 미국 | 아펠과 하켄이 〈4색정리〉 증명

1982년 | 프랑스 | 망델브로가 〈자연의 프랙탈 기하학〉 출간

1990년 | 미국 | 〈끈 이론〉의 에드워드 위튼이 필즈메달 수상

1995년 | 영국 | 앤드류 와일즈가 〈페르마의 마지막 정리〉 증명

2002년 | 러시아 | 그레고리 페렐만이 〈푸앵카레의 정리〉 증명

2022년 | 한국·미국 | 〈대수조합기하학〉의 허준이가 필즈메달 수상

MathPresso

배티의 수학채널

매스프레소

초판 1쇄 발행　2024년　4월 3일
초판 3쇄 인쇄　2024년 10월 4일
지은이　배티(배상면)
발행인　강재영
발행처　애플씨드

기획　이승욱
편집　맹한승
디자인　육일구디자인
마케팅　이인철
CTP출력/인쇄/제본　(주)성신미디어

출판사 등록일　2021년 3월 19일 제2021-000084호

이메일　appleseedbook@naver.com
블로그　https://blog.naver.com/appleseed_
페이스북　https://www.facebook.com/AppleSeedBook
인스타그램　https://www.instagram.com/appleseed_book/

ISBN 979 - 11 - 986136 - 0 - 8　03410

애플씨드에서는 '성장과 성공의 씨앗'이 될 수 있는 소중한 원고를 기다립니다.
appleseedbook@naver.com